완벽하지 않은 이탈리아에서
완벽하지 않은 우리가 사는 법

로마에 살면
어떨 것 같아?

김민주 지음

생각정거장

Rome

프롤로그

"이탈리아에 가려고요. 취직이 됐어요."

스물다섯, 엄마의 사십구재 날이었다. 함께 길을 걷던 엄마를 교통
사고로 눈앞에서 잃고, 나는 여기가 아닌 어디로든 떠나야 했다. 애니
메이션의 한 장면으로 기억하는 이탈리아, 엄마가 가고 싶어 했던 로
마로 가이드가 되어 떠나기로 했다. 친척들이 모두 모인 자리, 나의 선
언에 할머니는 말없이 울었고 아빠는 엄마의 교통사고 보상금으로
비행기표를 마련해주었다. 그렇게 나의 로마살이가 시작되었다.
2006년 6월 첫 발을 내딛은 이탈리아는 월드컵 우승의 열기와 여름
의 태양으로 무척이나 뜨거웠다. 가이드라는 일은 상상보다 훨씬 힘
들었지만 즐거웠고, 타지에서 마주하는 하루하루는 아름다웠다. 그
때의 나는 이탈리아에 살고 있다는 사실만으로 충분했다. 부족한 현
실에 대한 불만도 미래에 대한 불안도 없었다. 이렇게 앞으로 쭉 이탈

리아에서 마냥 행복하게만 살 줄 알았다.

5년만 있다가 돌아가자 마음먹었던 시간이 어느새 10년을 넘겼다. 그 사이 연애를 하고 결혼을 하고 두 아이를 낳았다. 아이들을 키우며 이탈리아에 뿌리를 내리고 살겠다 마음먹자 이제껏 보여주지 않았던 모습이 보이기 시작했다. 마치 연애에서 결혼으로 넘어간 것처럼, 새로운 종류의 기쁨과 새로운 종류의 문제가 정신없이 쏟아졌다.

둘이 살 땐 몰랐다. 엄마가 되니 원치 않아도 뛰어들어야만 하는 상황들이 눈앞에 펼쳐졌다. 그 속에서 매 순간 나의 나약함과 부족함을 마주하게 되었다. 처음엔 몰라도 적당히 아는 척, 궁금해도 아닌 척하며 숨기고 피했다. 하지만 그렇게는 한 발짝도 나아갈 수 없었다. 온 힘을 다해 부딪치고 창피함을 무릅쓰고 스스로를 내려놓아야만 다음 걸음을 내딛을 수 있었다.

로마살이 14년 차, 요즘 나는 부족함을 고백하는 법을 배우고 있다. 이것이 이탈리아로부터 내가 받은 가장 귀한 선물이다. 외국에서의 삶도, 엄마라는 역할도, 한 인간으로서의 나도 많이 부족하다는 것을 인정하고 고백하자 용기가 생겼다. 나약함을 드러낼 수 있는 용기, 채울 수 있을 거라는 용기, 너무 가득 채우지 않아도 괜찮다고 마음먹을 수 있는 용기….

세상 어느 곳이라도 일상이 되어버리면 삶의 형태는 결국 비슷해진다. 게다가 외국에서 산다는 것은 체류, 비자 같은 기본적인 문제부터 출산, 학교, 집, 차, 세금, 의료, 교육, 각종 계약까지 수많은 일들을 평생 처리하며 살아야함을 의미한다. 그러나, 그럼에도 불구하고, 우린 로마에 산다. 매순간 만족스러운 삶이 어디 있으랴. 이탈리아가 뭐라고, 발을 내딛는 자리마다 행복이 샘솟을 리 없지 않은가? 그냥 우리 로마에서 만나는, 로마라서 만날 수 있는 크고 작은 행복을 놓치지 않기 위해 최선을 다한다.

　걱정 많고 생각 많은 나 같은 사람들은 스스로를 다독이고 힘을 내기 위해 눈에 보이는 다짐이 필요하다. 그 다짐을 위해 차곡차곡 글을 썼다. 글을 쓰는 동안 행복한 추억은 짙어졌고 힘든 기억은 옅어졌다. 글을 쓸 수밖에 없는 매일을 살게 해주는 이탈리아를 더욱 사랑하게 됐다. 무엇보다 글을 썼기에 세계 각지에서 사랑하는 이들 뿐만 아니라 내가 전혀 알지 못하는 이들의 응원을 받을 수 있었다. 앞으로도 나는 계속 그 누구보다도 나 자신을 위해 글을 쓸 생각이다. 내가 받은 응원처럼 나의 이야기가 어떤 형태로든 누군가에게 도움이 된다면 기쁘겠다.

로마에서
김민주

PART 1

Brutti Ma Buoni, 여기는 로마입니다

01

참, 이탈리아스럽네!

시스템은 엉망진창이지만　　　　　　18
되는 것도 안 되는 것도 없는 나라　　20
엄마는 이래서 이탈리아가 너무 좋아　22
못생겼지만 맛있어요　　　　　　　　25
◐ TIP　이탈리아에서의 삶을 꿈꾸는 사람들에게　29

02

오래된 가치

어쨌든 사람이 먼저다　　　　　　　34
묻지도 따지지도 않고　　　　　　　37
사람이 죽게 내버려 두지 않는 나라　39
저 굴뚝은 언제 사라질까?　　　　　40

03

생의 1/4이 여름 방학

여름=방학　　　　　　　　　　　　46
이탈리아의 여름 방학 숙제　　　　　48
이탈리아식 휴가　　　　　　　　　53
아무것도 하지 않는 계절　　　　　　54
기나긴 여름을 만끽하는 방법　　　　55
여름은 행복을 위해 존재한다　　　　57

04

이탈리아 사람들은
시를 배워 로맨틱한가?

이탈리아의 낭만은 어디서 오는 걸까?　62
시를 선물하는 학교　　　　　　　　62
낙서에도 낭만이 흐른다　　　　　　66
모두가 보물이고 사랑이다　　　　　68
아름다운 언어의 아이　　　　　　　71

이탈리아 남자들

이탈리아 남자들은 멋있다?   74

남자는 하늘색, 여자는 분홍색   75

멋진 남자들의 향연   78

나이에서만 나올 수 있는 멋   80

건강한 음식에 대한 본능

오늘의 식탁을 채우는 아침 시장   84

한발 더 가까이, 이탈리아 시장   84

시장에 도착한 계절   87

황소 심장, 황홀함은 덤   90

더할 나위 없는 맛   93

❶ TIP 건강한 이탈리아 식재료를 구하는 방법   95

이탈리아 축제의 나날

좋아서 여는 축제   100

꽃가루로 시작해서 꽃가루로 끝나는   102

카니발엔 한복이죠   105

한복 입고 교황을 만나다   107

❶ TIP 이탈리아 카니발, 어떻게 즐기면 좋을까? 110

❶ TIP 로마에서 교황을 만나는 방법 112

여행을 떠나요

일상을 지탱하는 힘   116

축제보다 나체   116

석양을 맞이하는 완벽한 방법   119

여기가 몽골인지 이탈리아인지   124

어서와, 스키장은 처음이지?   127

❶ TIP 가족이 함께 떠나는 로마 근교 여행지 132

PART 2

이안, 이도 그리고 이탈리아

동쪽에서 왔습니다

동방박사의 등장   140
이방의 동양 아이   141
크리스마스의 기적   143
세상을 이롭게 할 행복으로 가득 찬   144
매 순간 사람들이 있었다   146
로마에서 아이를 키운다는 것   148

나도 엄마는 처음이라

아토피의 시작   152
엄마라는 역할   154
그래서 내가 왔지   156
마지막 대화   157
아이를 통해 엄마를 만나다   159
엄마를 위한 웃음   160

실전은 상상을 초월한다

아이가 자라는 만큼   166
엄마의 아이러니   168
축구가 재미없는 아이   172
누굴 닮아 이럴까   177

엄마, 니하오가 무슨 뜻이야?

정말 선생님이 그걸 가르쳐줬어?   182
몰라서 그런 거야   183
니하오라고 하면 꽃을 주는 거야?   185
선생님에게 내 생각을 전했다   187
우리 아이가 인종차별을 당한다면   189
학교와 담판을 짓다   192
'외쿡사람'입니다   196

13 이탈리아 엄마들

언제나 할 말 많은 이탈리아 엄마들   204
보이지 않는 벽   206
오해와 이해   207
마음먹기에 달렸지, 모든 게   211

14 외국인 엄마로 산다는 것

이태리 호구   220
급하면 자꾸 놓치지   225
과부하   227
힘든 거 우리가 알지   230
내 작은 사람들과 함께   232

15 두 언어의 아이

두 살 반, 작은 몸에 언어가 쌓이다   238
세 살 반, 분리된 세계   241
네 살, 아이와 함께 자라는 말들   243
다섯 살, 균형이 필요한 시간   246
이안이 말이 더 즐거워   250

16 이탈리아는 네게 어떤 의미니?

난 한국인 이탈리아인이야   254
이탈리아는 네게 어떤 의미니?   257
때로는 아이의 마음이 궁금하다   259
세상에서 가장 쓸데없는 걱정   262

PART 1

Brutti Ma Buoni;

여기는 로마입니다

chapter 01

:

참,
이탈리아스럽네!

시스템은 엉망진창이지만

아직 배 속에 있던 둘째의 정밀초음파 검사가 예정된 8월의 어느 날, 여름휴가 기간이라 정밀초음파가 가능한 병원들이 대부분 문을 닫거나 예약이 가득 차 있어서 집에서 한 시간 거리의 병원을 가야만 했다.

여유 있게 집을 나섰지만 버스는 한 시간이 지나도록 오지를 않고, 막바지 더위로 뜨겁던 한낮에 길에서 아들의 손을 잡고 발을 동동 구르다 결국 택시를 불렀다. 택시가 도착하는 순간 저 멀리 보이던 야속한 버스를 뒤로하고 아이와 피곤한 임산부는 택시에 올랐다.

겨우 제시간에 도착하고 보니 이번엔 의사가 한 시간 반이 넘도록 오지 않는다. 환자들은 밀리고 병원에선 의사와 연락이 되지 않는다는 황당한 대답만 반복하고 있었다. 얼마나 지났을까, 하염없이 기다리던 내게 의사가 출근 중에 오토바이 사고를 당해 두 시간 반 후에야 도착할 거라는 소식을 '아무렇지 않게' 전해주었다. 홀로 평온한 안내 데스크 직원은 미안하다는 말 한마디 없이 두 시간 반 뒤에 오거나 예약을 다시 잡고 다음에 오라고 했다.

힘겹게 부어오른 배를 부여잡고 "내가 이 더위에 아들까지 데리고 한 시간을 걸려서 여기에 왔는데, 그게 무슨 말이냐!"고 따졌다. 돌아오는 대답은 (역시나 아무렇지 않게) "그럼 어떡해. 진정하고 여기서 커피 한잔하면서 기다려"가 전부다.

로마살이 10년 차, 이렇게 따져서 될 일이 아니라는 것쯤은 알고 있다. 알고 있지만 주저앉아 울고 싶은 심정. "배고픈데? 의사선생님 언제 만나?" 하염없이 묻고 있는 아들의 손을 잡고 이러지도 저러지도 못하는 나에게 함께 기다리던 커플이 말을 건넸다.

"우리 집에 갈래요? 두 시간 반 뒤에 차 태워줄게요. 같이 가요."

서로 알지도 못하는데, 심지어 아들도 데리고 가야 하는데, 정말 괜찮은 걸까? 하지만 상관없다. 지칠 대로 지쳐버린 나는 염치불구하고 그들을 따라 나섰다.

처음 만난 누군가의 집에서 아들과 난 편하게 소파에서 티브이를 보고 간식을 먹고 이런저런 이야기를 나눴다. 결국 우린 집 떠난 지 다섯 시간 만에 10분도 채 걸리지 않는 초음파 검사를 마치고 병원을 나

왔다.

그래, 이게 이탈리아지. 하루 종일 화내게 두지를 않지. 어처구니없는 시스템에 화를 내다가도 사람들의 순수한 친절에 사르르 녹아버린다. 집에 돌아온 남편에게 하루 동안 겪은 일을 말해주었다. 이야기가 끝나자 그가 말했다.

"그래, 그게 이탈리아지!"

되는 것도 안 되는 것도 없는 나라

육아보조금을 신청한 지 6개월이 지났다. 깜깜무소식이다. 이탈리아답다. 답답한 사람이 직접 나서야만 해결되는 나라. 이른 아침부터 국민연금관리공단으로 향했다. 이탈리아에서 일처리 하나 하려면 온

종일 관공서에서 보낼 각오를 해야 한다. 아이 이유식에 분유까지 넉넉하게 챙기고 혹시나 아이가 잠들 때를 대비해 읽을 책도 하나 넣었다. 나름 서두른다고 했는데도 도착하니 역시나 기다리는 사람이 상당하다. 번호표를 보니 내 앞의 대기인원이 20명이 넘는다. 하, 오늘도 긴 하루가 예상된다.

한쪽에 자리를 잡고 앉았다. 내 옆에 앉은 엄마는 아예 느긋하게 수유 중이다. 다행히 아이가 잠들어 책을 꺼내드는데 한 여성이 우리 곁으로 다가왔다. 그리고 업무를 보는 직원들에게 큰소리로 말했다.

"지금 일 처리되면 다음에는 이 두 분 먼저 봐주세요!"

그리고 내 옆의 엄마에게 조용히 말한다.

"수유 마치면 저 분 다음에 바로 들어가세요."

대기하고 있던 이들 그 누구도 별 반응이 없다. 당연한 일이라는 듯 자연스럽다. 바로 내 차례가 되었다. 육아보조금이 입금될 계좌가 내 명의가 맞는지 인증하는 서류가 누락되었단다. 바로 연락해줬으면 쉽게 해결될 것을 이게 6개월을 끌 일인가? 내가 직접 안 왔으면 어쩌려고 한 거야? 정말 일처리 참 이탈리아스럽네.

그래도 명색이 연금관리공단인데, 큰 문제라도 있는 줄 알고 마음 졸이며 속절없이 기다린 6개월이 머쓱할 정도로 5분 만에 사인 하나 하고 해결되었다. 일이 안 돼도 이해가 안 가고 돼도 이해가 안 가는 나라다. 어쨌건 긴 하루 예상했는데 홀가분한 하루를 선물 받았다.

보름 뒤, 반년 만에 육아보조금이 입금됐다. 신청한 달부터 계산된다더니 아이가 태어난 달부터 계산해서 9개월어치가 한꺼번에 들어왔다. 돈이 들어와주기만 하면 감사하겠다고 생각했는데 목돈이 생기니 횡재한 기분이다. 6개월간의 질척거림은 큰 기쁨을 주기 위한 이탈리아의 큰 그림이었다고 생각될 지경이다.

참 말도 안 되는 이유로 애간장을 녹이다가 더 말도 안 되는 이유로 속상한 마음을 녹여버린다. 기약 없는 기다림의 시간들을 한순간에 잊고, 당연히 받아야 할 몫을 이렇게 감사하고 기쁜 마음으로 받아들이게 하고마는 이 나라의 놀라운 능력은 매번 감탄을 자아낸다.

엄마는 이래서 이탈리아가 너무 좋아

이리저리 일처리를 하기 위해 다니느라 딸아이 밥 먹일 시간을 훌쩍 넘겼다. 길 한가운데서 끝내 아이의 울음이 터졌다. 날도 쌀쌀하고 거리에서 마땅히 이유식을 줄 만한 곳도 없다. 급한 마음에 눈에 보이는 바(이탈리아는 커피를 파는 카페를 BAR라고 한다)에 들어갔다.

젊은 바리스타 둘, 서서 커피를 마시는 사람이 넷, 테이블 세 개 중 하나에는 고운 옷차림의 할머니가 앉아 있다. 급하게 카푸치노를 시키고 할머니 옆 테이블에 앉아 이유식을 담은 보온병을 꺼냈다. 보자마자 자기 밥인 줄 아는지 아이가 소리를 지르기 시작했다. 배추와 생선을 넣어 푹 끓인 죽이다. 아기새처럼 쩍쩍, 입에 밥이 들어가자 아이가 지르는 소리가 환호성으로 변했다.

그 모습에 할머니가 한마디 한다.

"그래, 그래, 네가 부르고 싶은 노래는 다 불러.

그럼, 그럼, 네가 하는 말은 다 옳아."

할머니의 따뜻한 말 한마디에 생선 냄새와 아이의 소리까지 혹여

방해가 될까 노심초사하던 마음이 녹아내린다. 바리스타가 카푸치노를 직접 가져와 내 자리에 놓아주었다.(보통은 주문한 사람이 가지러 가야 한다) 꿀꺽꿀꺽 잘도 받아먹는 아이를 보고 어쩜 이렇게 잘 먹나 칭찬을 하더니 묻는다.

"이유식은 언제부터 하는 거예요?"

"분유랑 수유할 때랑 다른데…."

어느 평범한 로마의 오후, 처음 들어선 바에서 난데없이 이유식 설명을 하고 있다.

"뭐뭐 넣어서 만든 거예요? 쌀을 넣었어요? 몇 개월이에요? 이름은?"

순식간에 이 공간의 모든 관심이 아이에게 쏠린다.

"이름은 이도예요. 네, 알아요. 이탈리아에서 이도는 보통 남자 이름이죠. 우리가 성별을 알기 전에 이름을 먼저 정했거든요. 우리나라 글자를 만든 왕의 이름이에요. 세상을 이롭게 하는 행복한 아이라는 뜻이죠."

아이는 여전히 소리를 지르고 있지만 아무도 신경 쓰지 않는다. 어차피 이 공간에서 가장 시끄러운 사람은 아이가 아니라 손님들과 큰소리로 대화를 하고 있는 바리스타니까. 할머니가 바리스타에게 앉은 채로 말한다.

"나 다리 안 좋은 거 알지? 와서 돈 받아가. 그리고 꼬르네토 하나 포장해줘. 아! 그런데 내가 돈을 안 가져왔네?"

"괜찮아요. 다음에 주세요. 걱정 마세요. 제가 기억하고 있을게요. 여기 꼬르네토예요."

그녀는 포장한 꼬르네토를 받아 들고 힘겹게 일어나 문을 나선다. 서서 에스프레소를 마시던 노신사가 문을 잡아준다. 이유식을 다 먹은 아이를 유모차에 태워 나도 뒤를 따랐다. 그는 우릴 보더니 계속 문을 잡고 서 있다. 고개를 끄덕하며 감사를 표하자 무심한 듯 살짝 미소 짓는다. 체크무늬 슈트, 겨드랑이에 꽂은 신문, 한 손에 에스프레소 잔, 살짝 들어오는 햇살과 매너, 완벽하다. 이탈리아 남자다. 막 문을 나서는데 커피를 뽑느라 분주하던 바리스타가 급히 고개를 들고 외친다.

"이도! 안녕~ 또 와~"

천천히 닫히는 문 너머로 그가 바에 서 있는 이름 모를 누군가에게 건네는 말이 들려왔다.

"아기 이름이 이도래, 왕 이름인데…."

바람은 쌀쌀하지만, 햇살은 따뜻하다. 배불리 먹어 기분이 좋아진 이도가 날 보며 웃는다.

"이도, 그거 알아? 엄마는 이래서 이탈리아가 너무 좋아. 너도 그래?"

못생겼지만 맛있어요

집 앞에 노부부가 운영하는 작은 제과점이 있다. 날카로운 인상의 미켈레 할아버지가 구운 비스킷을 내오면, 돋보기를 쓴 안토니에타 할머니가 봉투에 담는다. 제과점에서 내가 가장 좋아하는 건 '브루티 마 부오니Brutti Ma Buoni'다. 잘게 조각낸 아몬드와 땅콩이 가득 든 초콜릿 과자로, Brutti는 못생기다, Ma는 그러나, Buono는 맛있다 라는 뜻이니 과자 이름 자체가 '못생겼지만 맛있어요'라는 의미다. 손바닥만 한 크기에다 울퉁불퉁하게 생겼지만 겉은 바삭하고 속은 쫄깃해 씹을수록 고소하다. 이탈리아 어디서나 맛볼 수 있는 이 과자는, 다소 거칠지만 오랜 시간 머물며 곱씹어야 제대로 맛을 느낄 수 있는 이탈리아를 닮았다.

늦은 오후 아들과 제과점에 들렀다. 고민하는 아들에게 안토니에타 할머니가 설탕이 촘촘히 박힌 젤리를 건넸다. 아들이 "그라찌에 Grazie(감사합니다)!" 하고 인사하자 무표정하던 얼굴에 환한 미소가 번진다. 그러곤 나를 보며 "아우구리Auguri(축하해)!"라고 말했다.

　임신한 순간부터 아이를 데리고 다니는 지금까지 늘 그랬다. 거리
를 나서면 처음 만난 사람들도 축하한다고 말해준다. 처음에는 뭘 축
하한다는 건지 의아했지만, 이탈리아에서 임신과 육아는 그렇게 매
일 축하받아야 하는 일인 듯하다. 한국을 떠나기 전부터 이 나라를 좋
아했지만, 아이를 낳고 기르며 이곳에서의 삶을 더 사랑하게 됐다.

　이탈리아에서는 누구든, 언제 어디서든 노인과 아이가 보이면 반사적으로 일어나 자리를 양보하고 말을 건다. 사실 이탈리아가 아이를 키우기에 편한 나라는 아니다. 엉망인 시스템에 속이 터지다가도 생각지 못한 친절에 '어쩌면 모든 사람이 아이를 사랑하고 배려하니, 시스템을 갖출 필요를 느끼지 못한 걸까'라는 생각까지 든다. 노인과 아이를 소중히 여기는 이 나라 사람들을 보면 결국 사랑하지 않을 수 없다. 못생겼지만 달콤한 나의 도시, 로마에서의 하루가 저물어 간다.

이탈리아에서의 삶을
꿈꾸는 사람들에게

이탈리아를 좋아하세요?

———

일단 이탈리아를 좋아해야 합니다. 당연한 얘기처럼 들리겠지만, 여기서 좋아한다는 것은 장점과 단점을 모두 감당할 수 있어야 한다는 뜻입니다. 잠깐의 여행을 통해 느낀 낭만적인 이미지만 상상하고 이탈리아에 왔다가 폭격처럼 쏟아지는 단점에 질려 다시 돌아가는 사람도 많습니다. 이탈리아가 한국과 닮았다고들 하지만 언어도 사고방식도 전혀 다른 나라임을 명심하세요. 여행과 삶은 다른 영역입니다. 수많은 난관 속에서도 단점보다 장점에 집중하겠다는 마음이 들 때, 이곳에서의 삶도 생각해 보아야 합니다.

내가 해외에서 살 수 있는 사람인가?

—

스스로에게 물어보세요. '과연 내가 가족도 친구도 없이 익숙하지 않은 환경 속에서 살 수 있는 사람인가? 타지에서 처음 겪는 모든 일을 스스로 헤쳐 나갈 각오가 되어 있는가? 그것도 외국인으로?' 해외살이란 희로애락뿐만 아니라 생로병사까지 타지에서 겪어야 한다는 것을 의미합니다. 살면서 부딪칠 모든 상황을 이탈리아로 가져온다는 뜻이기도 하고요. 여기에 비자 등 한국에선 겪지 않아도 될 문제들이 추가되죠. 물론 이 모든 것은 이탈리아어로 해결해야 합니다. 누구든 어려운 것은 마찬가지겠지만, 이를 받아들이는 과정은 성향에 따라 천차만별일 것입니다. 그러므로 자기가 어떤 사람인지를 정확하게 파악하는 것이 중요합니다. 스스로에게 묻고 또 물어서 결정하시기를 바랍니다.

비자 해결이 가장 중요한 이슈

———

이탈리아에 대한 애정도 확인했고 스스로의 성향도 파악했다면, 이제 가장 중요한 문제가 남았습니다. 언어? 인맥? 아닙니다. 바로 비자죠. 내 나라가 아닌 곳에서 산다는 것은 끊임없이 체류문제를 해결해 나 간다는 뜻입니다. 어제는 문제가 없었다가도 외부 요인에 의해 하루 아침에 문제가 될 수 있는 것이 비자입니다. 테러와 폐쇄적으로 변해 가는 세계정세로 인해 비자 규제는 앞으로 더 강해질 듯합니다. 특히 장기비자는 세금 등 복잡한 문제가 얽혀 있으니 구체적인 비자 계획 을 해 두어야 합니다. 그리고 되도록이면 비자에 관해 구체적이고 현 실적인 정보를 '본인'이 알고 있는 것이 중요합니다. 이때 이탈리아어 가 기반이 된다면 고생을 조금 덜 할 수도 있겠죠?

chapter 02
:
오래된 가치

어쨌든 사람이 먼저다

집에서 5분 거리에 있는 어린이집에서 아들을 데리고 돌아가던 길이었다. 같은 반 엄마를 만나 함께 걷다가 아이들에게 폴라포를 하나씩 쥐어주기로 했다. 괜찮다는데도 굳이 자기가 사겠다는 그녀의 손에는 세 개의 폴라포가 들려 있었다. 난 안 먹겠다 했으니 아이들에게 하나씩 주고 본인이 먹으려나 보다 생각하던 찰나, 그녀는 남은 하나를 길에 앉아 있는 할머니에게 건넸다. 나 역시 어린이집을 오가며 몇 번이나 본 적 있는 할머니였다. 한여름에도 몇 겹씩 옷을 껴입고 동네 폐지라는 폐지는 다 끌고 다니는 그녀에게선 조금만 가까이 가도 지린내가 났다.

"시원한 걸 사드리고 싶었는데 막상 그러려면 보이질 않아서…."

그렇게 무심히 폴라포 하나를 건네고 아무렇지도 않게 걸어가는 그 엄마를 보면서 난 이상하게도 안심이 되었다.

이탈리아에서 유적만큼이나 쉽게 눈에 띄는 것이 집시다. 쓰레기를 모으거나 구걸을 하거나 때로는 소매치기로 연명하는 그들이 어쩌면 이탈리아 사람들에겐 상당히 거슬리는 잉여의 존재로 여겨질 법도 하다. 매일 아침 아이와 함께 집을 나서면 거리의 쓰레기 수거함에는 하루가 멀다 하고 집시들이 고개를 들이밀고 있다. 옷걸이로 만든 긴 꼬챙이를 들고 한참을 쑤시다 금방이라도 부서질 것 같은 유모차에 무언가를 한 가득 싣고 어디론가 발걸음을 옮긴다.

처음 로마에 와서 의아했던 것은 집시들이 아니라 집시를 대하는 이탈리아 사람들이었다. 이들에게 욕지거리는커녕 눈을 흘기는 이조차 하나 없었다. 싫고 화나지 않나?

2016년 5월, 이탈리아 주요 일간지 일 조르날레Il giornale에는 이런 기사가 실렸다.

'굶주린 자가 음식을 훔친 건 죄 아냐'
이탈리아 법원 역사적인 판결을 내리다!

2011년 이탈리아 북부 제노바에 살던 우크라이나 국적의 남성이 4.07유로(약 5,300원)어치의 치즈와 소시지를 훔치다 현행범으로 체포되었다. 첫 판결에서 징역 6개월에 100유로 벌금을 선고받았지만 이탈리아 대법원에서는 하급심의 판결을 뒤집고 무죄를 선고했다. 번복되지 않는 최종 판결이었다.

"피고가 가게에서 상품을 점유한 상황과 조건을 살펴볼 때, 그가 급박하고 필수적인 영양상의 욕구에 의해서 이를 취했다고 볼 수 있으며 이는 긴급사태에 해당한다."

언론은 사설을 통해 수석판사의 발언을 인용하며 '생존의 욕구는 소유에 우선한다'고 발표했다. 21세기 장발장에게 이탈리아는 과거와 다른 판결을 내린 것이다.

10년 넘게 이곳에서 살다 보니 내게도 집시는 그저 일상의 한 풍경이 되어버렸다. 그런데 위의 기사를 접하고 나니 이탈리아 사람들은 집시를 익숙한 존재를 넘어 함께 살아가는 존재로 인식하고 있다는 생각이 들었다. 쓰레기를 뒤지는 행위가 그들의 생계를 위함이라면 받아들여야 한다고 생각하는 것일까?

집시만이 아니다. 로마에서 첫 집을 계약하면서 생소했던 조항이

하나 있었다. '4+4' 원칙, 4년 동안 집을 계약할 수 있고 재계약시에는 앞서 4년을 살았던 사람에게 우선 계약의 권리가 주어진다. 계약 기간 동안 월세는 물가상승률만큼의 인상만 허용된다. 이탈리아에서 한 집에 몇십 년째 월세로 살고 있는 사람이 많은 것은 이 때문이다.

또한 세입자 중 아이와 노인이 있는 가구는 집주인이 강제적으로 내보낼 수 없다. 집주인의 변심은 물론이고, 세입자가 월세를 밀린다 할지라도 법적으로 유아와 노인은 보호받는다. 약자를 거리로 나앉게 하지 않는다는 것이다.

묻지도 따지지도 않고

몇 해 전 여름, 두 아이를 데리고 수영장에 갔다가 제대로 미끄러지고 말았다.(아니, 날았다는 것이 정확한 표현이다) 비키니를 입은 채 샤워장 한 구석에 널브러진 이날, 난 10년간 이탈리아에서 살면서 한 번도 경험한 적 없는 완벽하고 신속한 일처리를 만났다.

로마의 여름은 늘 뜨겁지만 그날은 유난히 더웠다. 엄마 셋이 오늘은 아이들을 유치원에 보내지 말자며 아침부터 부지런히 준비해 수영장으로 향했다. 각자 간단한 점심과 과일도 준비했고 물총까지 완비했다.

우린 버드나무 아래 자리를 잡았다. 알록달록한 수영복, 오후를 가득 채우는 웃음소리, 쉼 없이 노는 아이들… 더없이 행복한 여름날의 풍경이었다. 심지어 저녁엔 남편 회사 회식으로 삼계탕도 기다리고 있으니 저녁 준비조차 필요 없었다.

수영을 마무리하고 샤워를 하려는데 물이 너무 찼다. 분명 아이가 질색을 하고 도망칠 것 같아 아이를 안고 빨리 물만 뿌리고 가야겠다고 생각했다. 17킬로그램에 육박하는 네 살 아들을 어쩌자고 안았는지.

찬물이 몸에 닿자 놀란 아이가 순간적으로 나를 뿌리치며 두발로 밀쳐냈다. 순간, 이러다 아이를 돌바닥에 떨어뜨리겠단 생각에 힘껏 안았다. 그와 동시에 발이 미끄러지면서 몸이 공중으로 날았다. 엉덩이를 찧으며 무게중심을 잃었고, 그대로 뒤로 몸이 젖혀지며 벽과 샤워실 바닥에 뒤통수를 내리꽂고 말았다.

정신을 차려보니 엉덩이와 뒤통수에 엄청난 통증이 몰려왔다. 주위로 사람들이 모이고, 이안이의 울음소리가 들렸다. 누군가 나에게 손가락 발가락을 움직여보라고 했다. 난 대답 대신 아이가 괜찮은지 물었다. 아이는 괜찮다는 말을 듣는 순간 주체할 수 없을 만큼 몸이 떨려왔다. 그제야 실감이 나며 겁이 났다. 너무 아프다는 나의 말에 곧 응급차가 올 거라고 걱정 말라며 뒤통수에 얼음팩을 대줬다.

깜짝 놀랄 만큼의 통증과 함께 비정상적으로 부어오른 머리가 만져졌다. '머리가 부었구나' 하고 깨닫는 것이 정상일진대 순간적으로 뒤통수가 함몰된 것은 아닐까 하는 생각이 들었다. 기절할 듯 찌르는 엉덩이 통증이 비현실처럼 느껴졌다.

구급차가 올 때까지 수영장 내 안전요원이 연신 상태를 확인하며 날 안정시켜주었다. 10분도 채 되지 않아 구급차가 도착했고 목 보호대를 하고 전신을 고정한 채 가장 가까운 병원으로 이동했다.

병원에 도착하자마자 곧바로 전신 엑스레이를 찍었다. 다행히 부러진 곳은 없었다. 꼬리뼈 함몰에 뒤통수는 찢어졌으나 꿰맬 정도는 아니었다. 한 달간 조심해야 한다는 진단을 받고 진통제 처방전을 손에 쥐고 병원을 나오기까지, 모든 게 30분 안에 이루어졌다. 이탈리아에 살면서 처음 경험하는 응급 상황에 정신이 없었지만 분명한 건 매사에 느려 터진 이탈리아가 이번만은 달랐다는 것이다. 심지어 묻고 따지지도 않았다.

수영복 차림으로 실려 오느라 소지품 하나 챙기지 못한 난 당연히 제시할 신분증도 없었다. 그럼에도 불구하고 입원은 물론 퇴원 수속조차 없었다. 내 이름도 국적도 묻지 않았고, 돈도 내지 않았다. (단, 진료는 응급 정도에 따라 우선순위가 정해지기 때문에 타 환자들에 비해 상대적으로 경미할 경우 하루 종일 기다릴 각오를 해야 한다. 또한 응급 진료가 아닌 일반 진료로 분류되면 검사비가 청구되기도 한다. 하지만 확실한 응급 상황에선 수술비까지 모두 무료다)

정신없는 와중에 친구가 손에 쥐어준 원피스를 입고서 병원을 나서는 날 간호사가 부른다.

"이거 당신 거예요, 가져가세요."

내 거라니? 처음 보는 것들이다. 구급 요원이 덮어준 줄 알았던 천들은 이름 모를 이들의 비치 타월이었다. 난 고마운 마음을 영원히 전할 수 없는 이들의 비치 타월을 한아름 안고 병원을 빠져나왔다.

사람이 죽게 내버려 두지 않는 나라

이탈리아 지인의 남편이 암에 걸려 항암치료를 받게 되었다는 이야기를 듣고 1년 만에 그들을 만났다. 투병 중임을 알 수 없을 만큼 건

강해진 남편과 여유로운 부인의 모습을 보며 친구가 말했다. 나라에서 치료비는 물론 간병인 비용까지 모두 제공해주고, 쉬는 동안 회사에서 월급도 나왔다고. 그리고 한마디 덧붙인다.

"이탈리아가 말도 안 되고 불합리한 게 많은데, 그래도 말이야. 절대 사람이 죽게 내버려 두지는 않는 것 같아, 그치?"

이탈리아에서 이런저런 일들을 겪다 보면 한국에서 당연하게 누리던 것이 떠올라 분통이 터지기도 하고, 당연히 대가를 지불해야만 했던 것들을 대가 없이 누리게 될 때는 고마움을 넘어 의아한 마음이 들기도 한다. "왜? 이렇게까지?"

이탈리아는 생각보다 훨씬 더 비합리적이고 상상 이상으로 느려터진 시스템을 가진 나라다. 인터넷 설치를 하려면 한 달 이상 기다릴 각오를 해야 하고 휴대폰 번호 변경에도 일주일이 넘게 걸린다. 기차 연착은 하루 일과의 하나로 끼워 넣어도 될 정도다. 그런데 응급 상황에선 내가 아는 이탈리아 사람들이 아니었다. 때때로 만나게 되는 이런 이야기들은 결국 이들이 궁극적으로 가장 중요하게 생각하는 것이 무엇인가에 대해 생각하게 만든다.

저 굴뚝은 언제 사라질까?

지금 살고 있는 동네에 자리 잡은 지 어느덧 10년이 넘었다. 아파트 뒤 쪽엔 꽤 큰 공터가 있다. 공터라기보다 폐허에 가까운 이곳에는 한가운데 굴뚝이 남아 있다. 아마 예전에 공장이 있었던 것 같다. 주변 건물들은 모두 무너졌는데 왜 군이 굴뚝만을 남겨두었는지 그 이유에

대해선 알지 못한다. 생뚱해 보이던 저 굴뚝은 어느 순간 익숙한 풍경
이 되었다.

　4년 전쯤이었나, 폐허에 건물이 올라가기 시작했다. 1층에 슈퍼가
있는 주상복합 아파트를 짓는다고 한다. 몇 년째 올해는 끝날 거라고
했지만 이탈리아가 늘 그렇듯 공사는 여전히 진행 중이다. 그런데 건
물이 어느 정도 모습을 갖추어나가고 있음에도 굴뚝은 남아있다. 볼
때마다 언제 허물지 궁금했는데, 어느 날 공사 중인 건물 밑에 붙어 있

는 사진을 발견했다. 완공 후 모습이었다. 완공된 디귿자 건물 한가운데 여전히 굴뚝이 세워져 있다.

자세히 보니 굴뚝을 중심으로 우리 아파트와 뒷동, 새로 만들어질 아파트까지 세 채가 '공장 프로젝트'라는 이름으로 묶여 있었다. 공사 중인 건물 중앙엔 굴뚝을 둘러싼 작은 광장이 생길 거라고 했다.

그제야 떠올랐다. 우리 동네 슈퍼 한가운데도 굴뚝이 남아 있다. 그간 무심코 지나쳤는데 슈퍼 에스컬레이터 벽면에 붙어 있던 사진에 예전 모습이 담겨 있었다.

이탈리아 도시에는 대부분 역사지구Centro Storico가 존재한다. 그리고 역사지구 주변에는 어김없이 현재 살아가는 사람들이 거주하는 현대 구역이 있다. 이탈리아도 개발을 하고 새로운 공간을 만든다. 하지만 지나간 시간의 공간 역시 곁에 남겨둔다. 이탈리아를 가장 잘 말해주는 것이 바로 이런 공간들이다.

내가 떠나온 10여 년 전 한국에서는 낡고 오래된 것이 그렇게 빛을 보지 못했다. 그런데 몇 년 전부터인가 한국에 가면 친구들이 '요즘 핫한 곳'이라며 데려간 곳 대부분이 오래된 공장, 한옥, 낡은 상가에 위치해 있었다. 다들 말한다. "왜 다 없앴을까? 이렇게 좋은데, 더 남겨두었으면 좋았을걸."

재건축으로 인해 오래된 건물을 허물고 하루가 다르게 동네의 풍경이 바뀌어 간다는 한국의 기사를 접하면 안타까움에 가슴이 아프다. 한 지역의 문화와 정서가 이어지기 위해서는 눈으로 보이는 것이 절대적으로 필요하다. 보이지 않는 가치를 말로 전하는 것은 한계가 있지 않은가?

아파트 뒤의 건물이 완공되어도 굴뚝은 남겨지고 이 장소의 역사
도 이어질 것이다. 어른들은 굴뚝 아래 앉아서 쉬고 아이들은 굴뚝 주
위에서 뛰어 놀게 될 것이다. 그리고 가끔 이런 대화를 나누겠지.

"여기에 공장이 하나 있었는데 말이야, 뭐 하던 곳이었냐면…."

chapter 03

생의 1/4이 여름 방학

여름=방학

아들의 유치원 방학이 끝나고 SNS에 '드디어 아들 방학 끝!'이라고 올렸더니 한국의 친구가 '방학 한번 징하게 길다'라고 댓글을 남겼다. 생각해 보니 진짜 길다. 여름 방학이 6월부터 9월까지, 한 해의 1/4 아닌가!

사실 '여름 방학'이라고 부르는 것도 웃기다. 이탈리아에서 여름은 방학으로만 존재한다. 여름이 6월부터 9월까지면, 방학도 6월부터 9월까지다.(겨울 방학은 따로 없고, 일주일간의 크리스마스 방학이 있다) 즉, 성인이 되기 전 이탈리아 아이들의 생의 1/4은 여름 방학이 차지한다는 뜻이다.

아이들의 방학만큼 부모의 휴가도 길면 좋겠지만 그건 불가능하므로, 아이들은 대부분 할머니, 할아버지 댁으로 향한다. 아니면 7월 한 달 동안 운영되는 여름학교Centro Estivo에 간다. 여름학교는 방학 중에도 문을 여는 학교를 외부 업체에서 대여하여 연다. 재학생뿐만 아니라 여름에 로마를 떠나지 못한 아이들이 모두 이곳으로 모인다. 학교라고 이름은 붙었지만 따로 무언가를 배우는 것은 아니고 종일 물놀이를 하거나 뛰어논다. 한 주를 마치는 금요일에는 마지막 20분 정도 일주일간 아이들이 여름학교에서 배운 것을 보여주는데, 20분 동안 선생님이 기타를 치고 애들은 계속 뛴다. 그냥 일주일 내내 뛰어논 거다. 그런데도 이탈리아 어른들은 여름학교에 가는 아이들을 안쓰럽게 여긴다. '여름에 학교를 가다니!' 말이다.

그나마도 7월이 지나면 갈 곳이 없다. 8월부터 9월 개학까지는 진짜 방학이다. 학원이고 뭐고 없다. 다 논다. 여름 시즌이 가장 바쁜 남

편 대신 독박육아를 해야 하는 내 입장에서는 그게 제일 어렵다. 모두가 떠나고 고요해진 로마에서 에너지 넘치는 두 아이와 뭐하고 놀지?

이탈리아의 여름 방학 숙제

이탈리아 북부 마르케 주에 위치한 작은 바닷가 마을, 페르모Fermo의 한 고등학교 선생님이 반 아이들에게 여름 방학 숙제를 내주었다.

1. 가끔 아침에 혼자 해변을 산책하라. 햇빛이 물에 반사되는 것을 보고 네가 인생에서 가장 사랑하는 것들을 생각하라. 행복해져라.

2. 올해 우리가 함께 익혔던 새로운 단어들을 사용해 보라. 더 많은 걸 말할 수 있게 되면 더 많은 걸 생각할 수 있게 되고, 더 많은 걸 생각할 수 있게 되면 더 자유로워진다.

3. 최대한 책을 많이 읽어라. 하지만 읽어야 하기 때문에 읽지는 마라. 여름은 모험과 꿈을 북돋우기 때문에, 책을 읽으면 날아다니는 제비 같은 기분이 들 것이다. 독서는 최고의 반항이다. (무엇을 읽어야 할지 모르겠다면, 나를 찾아와라)

4. 네게 부정적인, 혹은 공허한 느낌을 들게 하는 것, 상황, 사람들을 피하라. 자극이 되는 상황과 너를 풍요롭게 하는, 있는 그대로의 너를 인정하는 사람들을 찾아라.

5. 슬프거나 겁이 나더라도 걱정하지 마라. 여름은 영혼을 혼란스럽게 할 수 있다. 너의 느낌을 일기로 적어 봐라.(네가 허락한다면 개학 후에 함께 읽어보자)

6. 부끄러움 없이 춤을 추어라. 집 근처의 댄스 플로어에서, 너의 방에서 혼자 춰도 된다. 여름은 무조건 춤이다. 춤을 출 수 있을 때, 추지 않는 건 어리석은 일이다.

7. 적어도 한 번은 해가 뜨는 것을 보아라. 그리고 말없이 숨을 쉬어라. 눈을 감고 감사함을 느껴라.

8. 스포츠 활동을 많이 해라.

9. 너를 황홀하게 만드는 사람을 만난다면 그 사람에게 최대한 진심으로, 정중하게 말해라. 상대가 이해하지 못해도 상관없다. 이해하지 못한다면 그 사람은 너의 짝이 아니었던 것이다. 이해한다면 올해 여름은 황금 같은 시간이 될 것이다. (이게 잘 되지 않았다면 8번으로 돌아가라)

10. 우리 수업에서 필기했던 것을 다시 훑어보아라. 우리가 읽고 배웠던 것들을 너에게 일어났던 일들과 비교해 보자.

11. 햇빛처럼 행복하고 바다처럼 길들일 수 없는 사람이 되어라.

12. 욕하지 마라. 늘 매너를 지키고 친절하게 행동하라.

13. 언어 능력을 기르고 꿈꾸는 능력을 늘리기 위해 가슴 아픈 대화가 나오는 영화를 보아라. (가능하다면 영어로) 엔딩 크레딧이 올라간다고 영화가 끝나는 것은 아니다. 너의 여름을 살고 경험하며 다시 한번 너만의 영화를 만들어 보아라.

14. 빛나는 햇빛 속이나 뜨거운 여름밤에 네 삶이 어떻게 될 수 있는지, 어떻게 되어야 하는지 꿈꾸어 보아라. 여름에는 포기하지 않기 위해서, 꿈을 좇기 위해서 네가 할 수 있는 일을 다 하라.

15. 친절해라.

매년 여름을 맞이하며 일생을 다해 완성해야 할 숙제처럼 이 글을 읽어본다. 참 이탈리아다운 방학 숙제다.

이탈리아 부모들은 긴긴 방학동안 무언가를 가르쳐야 한다거나 선행학습을 시켜야 한다는 개념 자체가 없다. 따로 유럽의 미술관을 순례하거나 인문학 소양을 쌓아줘야 한다는 욕심도 없다. 선생님도 마찬가지다. 여름은 그냥 방학이다. 공부는 학교에서 하는 것으로 충분하며, 여름은 그저 바다를 느끼고 즐기는 시간이다.

이탈리아식 휴가

이탈리아 사람들은 매년 같은 곳으로 휴가를 떠난다. 짧게는 일주일에서 길게는 한두 달을 같은 장소에 머물며 쉬는데, '여름 집'을 따로 구하는 경우도 많다. 집 한 채를 빌려 식구들이 돌아가며 혹은 다 함께 긴긴 여름을 보내는 것이다.

처음 이탈리아에 왔을 땐 이들의 휴가 문화가 좀 의아했다. 그러나 여름마다 열심히 새로운 곳을 찾아 떠나던 우리 부부도 아이들이 생기니 자연스럽게 매년 같은 곳을 찾는다. 이제 겨우 5년을 산 아들조차 여름이면 당연하게 자신이 기억하는 바다와 호수를 떠올린다. 그래서 이탈리아 아이들은 학교 친구들뿐만 아니라 여름 휴가지에서 만나는 친구들이 따로 있다.

휴가지에서 우리는 매일 아침 똑같은 해변으로 향한다. 매일 같은 사람들을 만나고 아이들은 너무나 자연스럽게 어울려 논다. 처음 만난 형, 누나에게 수영을 배우고 카드도 배운다. 왜 이탈리아 사람들이 바다를 '아이들의 파라다이스'라고 부르는지 알 것 같다.

아이들뿐인가 어른들도 당연히 친구가 된다. 이탈리아 사람들이니 또 말은 얼마나 많은지. 해가 질 때까지 신나게 놀고 헤어질 때 인사한다. "내일 보자!"

아마 일주일 넘게 한 장소에 머물 수 있는 것은 우리가 여기에 살고, 매년 같은 곳에 오기 때문일 것이다. 다음 여름도 이곳에서 펼쳐질 것을 알기에 조바심 내지 않고 여유를 즐길 수 있다.

아무것도 하지 않는 계절

이탈리아에서 살기 전에 내게 휴가란 새로운 곳으로 떠나는 여행 혹은 거창한 계획을 떠올리는 시간이었다. 이탈리아 사람들의 휴가는 '쉼' 그 이상도 그 이하도 아니다.

줄리아 로버츠 주연의 영화 〈먹고, 기도하고, 사랑하라〉에서 극중 그녀의 이탈리아 친구들이 가장 중요한 말이라며 가르쳐주는 문장이 있다.

"논 파 니엔테Non fa niente."

그대로 해석하면 '아무것도 하지 말라'는 뜻이다. 이탈리아에서는 여름을 그렇게 부른다. 삶의 다음 단계를 위한 준비, 현재의 고민에 대한 답을 얻기 위한 여정, 견문을 넓히고 인생의 가치를 찾는 여행 등은 이탈리아의 여름에 존재하지 않는다. 여름은 아무 생각 없이 온전히 쉬는 기간이다. 아무것도 하지 않는 시간이 삶을 얼마나 풍요롭게 하는지를 이탈리아 사람들은 부모와 부모의 부모로부터 배웠다.

그게 현실적으로 얼마나 힘든지 아냐고 반론할지도 모르겠다. 가이드로 일할 때 투어 중 해변에서 자유 시간을 주면 손님들 대다수가 어색해하고 무언가를 꼭 해야만 한다는 강박을 느끼는 것이 보였다. '아무것도 하지 않는' 시간이 부담스러운 것이다. 아니, 어쩌면 우린 애초에 아무것도 하지 않는 법을 배워 본 적이 없는지도 모르겠다.

풍족해 보이지만 마음이 가난한 사람과 부족해 보이지만 풍요로운 마음을 가진 이들의 차이는 아무것도 하지 않는 계절이 존재하는가의 차이가 아닐까?

기나긴 여름을 만끽하는 방법

이탈리아의 여름은 길고 뜨겁다. 이탈리아 아이들은 여름이면 할머니, 할아버지의 사랑을 듬뿍 받고 까매진 얼굴만큼 짙고 깊게 애정을 채워 돌아온다. 나도 아이들도 일상에선 조부모의 부재를 크게 느끼지 못하다가 여름만 오면 짠한 마음이 든다.

그래도 아쉬움이 크지 않을 수 있었던 것은 모두 친구들 덕이다. 여름, 겨울 할 것 없이 방학과 연휴에는 어김없이 친구들의 초대를 받았다. 우리에게는 없을 수도 있었던 순간들을 친구들의 부모님, 혹은 시부모님이 만들어주신다는 건 아무리 생각해도 신기하고 감사한 일이다.

여름날 두 아이와 아내를 두고 일을 떠나는 남편의 마음은 또 오죽했을까? 남편은 빠듯한 스케줄에 몸살을 앓으면서도 일을 마치면 밤이든 새벽이든 바다로 산으로 떠나 있는 우리에게 달려왔다. 아이들도 그 맘을 아는지 아빠의 부재중에도 최선을 다해 지냈다. 어디서나 잘 먹고 잘 자고 잘 싸준 아이들에게 절이라도 해야겠다. 그런 아이들에게 아낌없는 사랑을 퍼부어준 이들에게도 말이다.

지난여름에는 이탈리아 남부의 산 중턱 작은 마을에서 일주일을 머물렀다. 친구의 시댁이었다. 여름의 절정이었고 임신한 친구의 시누도 와 있었다. 이곳에 염치 불구하고 아이 둘을 데리고 왔다. 남편 없이 두 아이와 집에서 부대끼는 일상에서 벗어날 수 있다면, 염치는 잠시 접어 둘 수 있다.

우리가 머물 방의 침대 시트는 빳빳하게 다려져 있었다. 아침마다 친구의 시아버지는 동네에서 가장 맛있는 빵집에서 따뜻한 사과 파이를 사오셨고, 매일 정성이 듬뿍 담긴 저녁을 먹었다. 밭에서 직접 따온 토마토와 상추는 소금에 올리브유만 뿌려도 달콤했다. 집에선 먹는 둥 마는 둥 하던 아이들이 기본 두세 접시의 파스타를 먹어 치웠다.

아이들은 이 방 저 방을 제집처럼 뛰어놀았다. 여름 방학에 할아버지 집에서 어리광 부리며 사랑을 독차지하리라 기대했던 친구의 아들이자 이 집의 유일한 손주는 억울했을 것이다. 여름을 나누어야만 했으니. 새까만 두 사내 녀석이 일주일을 지겹게도 싸웠다. 엄마들은 말리고 할머니, 할아버지는 우는 아이들을 어르고 달래느라 바빴다.

최악의 더위라는 로마의 소식이 무색하게 산에서 불어오던 시원한 바람, 늦잠 자고 일어나 몸을 담그던 집 근처의 자연 온천, 식구들로 북적이는 거실… 모두가 떠난 로마에서 덩그러니 아이들과 버티는 것보다 백배, 천배는 더 근사한 날들이었다.

우리는 여름이 올 때마다 두고두고 이 날을 이야기하게 될 것이다. 녀석들이 기억을 하든 말든 계속. 그 여름날에 둘이 얼마나 싸웠는지, 허리 아픈 할머니가 우는 손주를 달래려 얼마나 업고 다니셨는지, 할아버지가 얼마나 많은 쿠키를 몰래 안겨주셨는지 아느냐고 말이다.

여름은 행복을 위해 존재한다

이탈리아에서 살면 살수록 더욱더 간절하게 여름을 기다리게 된다. 직업 특성상 남편이 가장 바쁜 시기인 데다가 아이들 방학까지, 한해 중 가장 치열한 육아의 계절임에도 여름이 기다려지는 이유는 단 하나다. 여름 바다 때문이다.

휴가 내내 눈뜨면 바다에 가고 바다에서 놀고 바다에서 쉰다. 이른 아침 바다에 도착하면 해가 가장 잘 드는 곳에 초등학생 정도 되어 보이는 아이가 자신의 비치 타월을 깔고 태양 아래 눕는다. 태어나서부터 매년 왔던 바다다. 아이는 누구보다 이 바다를 즐기는 법을 잘 알고 있다. 태양이 뜨겁다고 유난을 떠는 부모도 없다. 그들 역시 평생 함께 해온 이 바다를 즐기고 있을 뿐이다.

태양이 더 뜨거워지면 아이들은 바다로 뛰어든다. 각자 자기 그물을 손에 들고 어부가 되기도 한다. 분명 처음 만났는데도 평생 호흡을 맞춰온 듯 자연스럽게 물고기와 게를 잡는다. 그러다 배가 고프면 집에서 싸온 피자나 파스타를 먹고, 부모들은 낮잠을 즐기거나 선탠을 한다. 아이들의 몸은 더없이 아름다운 구릿빛이다.

그렇게 성인이 되기 전 생의 모든 여름날을 바다에서 보내며 아이들은 자란다. 바다는 자기가 좋아하는 것이 무엇인지를 알게 해주는 최고의 선생님이자, 몸과 마음의 건강을 책임지는 병원이다. 기침을 하는 아이, 피부가 좋지 않은 아이를 보면 이탈리아 어른들은 무조건 바다에 데리고 가라고 한다. 여름 내내 바다에서 놀던 아들은 징그럽게도 끝나지 않던 아토피가 가라앉았다.

이탈리아 사람들은 참 솔직하고 칭찬이 자연스럽다. 멋진 것을 보면 멋지다고 말하고, 아름다운 사람을 만나면 아름답다고 이야기한다. 자신이 가진 것이 상대적으로 부족하다 할지라도 결코 스스로 불행하다고 생각하지 않는 사람들. 같은 시간을 사는데 어쩜 이리도 다를까? 내 생각에는 성인이 되기 전 열 여덟 번의 여름을 바다에서 보내며 무엇이 행복을 주는지 끊임없이 생각해 보았기 때문에 이젠 외부 요인에 흔들리지 않는 것처럼 보인다. 그게 참 부럽다.

바다에서 돌아오는 길엔 어김없이 해가 진다. 온종일 최선을 다해 논 아이들은 차에서 곯아떨어진다. 그러면 남편과 이야기한다. "감사한 하루다, 행복한 여름날이다, 다음 여름에도 또 오자, 내년이면 둘째가 오빠 손을 잡고 해변을 뛰어다니겠지? 생각만 해도 너무 좋다…." 신기하다. 난 정말 샘도 많고 욕심도 많은 사람이었는데, 여름 그리고 바다가 있다는 이유만으로 이렇게 행복해지다니! 여름은 행복을 위해 존재하는 계절이라는 사실을 이탈리아에서 살면서야 깨닫게 되

:

었다.

　다시 여름이다. 아무것도 하지 말자. 우린 그냥 여름을 누리고, 아이들은 더 멋지게 바다에 뛰어들 것이다. 새로운 여름이 오면 더 잘, 아무것도 하지 않을 수 있을 것 같다.

:

chapter 04

이탈리아 사람들은
시를 배워
로맨틱한가?

이탈리아의 낭만은 어디서 오는 걸까?

아들을 재우다 졸았다. 졸다 눈을 뜨니 잠든 줄 알았던 아이가 날 빤히 바라보고 있었다. 조용히 나의 눈을 쓰다듬는다.

"진짜 뽀뽀해줄게"하더니 나의 눈에 입 맞춘다.

"내가 왜 뽀뽀한 줄 알아?"하길래 왜냐고 되물으니

"엄마 눈이 너무 예뻐서"하고 다시 잠이 든다.

둘째 아이에게 처음으로 머리핀을 꽂아줬다.

"이안아, 이도 이렇게 하니 너무 예쁘지?"

"엄마, 이도는 이렇게 안 해도 예뻐. 그런데 이렇게 하니 더 예쁘네."

때때로 아이의 말을 듣고 있으면 참 아름답다는 생각이 든다. 내가 아이에게 하는 말은 그다지 아름답지 않은데 어디서 저런 말을 배우는 걸까? 얼굴은 전형적인 한국 사람이면서 로마에서 태어났다고 이탈리아 남자들처럼 로맨틱한 건가? 이탈리아의 낭만은 어디서 오는 걸까?

시를 선물하는 학교

10월 2일은 세계 노인의 날이다. 이곳에서는 '페스타 데이 논니Festa dei nonni'라고 하는데 Nonni는 할머니와 할아버지를 함께 부르는 복수형이다. 노인이라는 단어가 존재하지만 '할머니, 할아버지의 날'이라니 뭔가 더 사랑스럽게 느껴진다.

대다수가 맞벌이 부부인 이탈리아에서 조부모의 존재는 크다. 아들의 유치원 반 아이들은 20명 정도인데 난 현재 일을 하지 않고 있는

유일한 엄마다. 9월에 개학을 하고 원장 선생님과 이런저런 이야기를 하다가 "그래서 이안이 어머니는 언제 다시 일을 시작하세요?"라고 물어 적잖이 당황했다. 전업주부일 수도 있다는 생각은 전혀 해보지 못한 듯 자연스러운 질문에, 내년쯤 둘째가 어린이집에 가면 복귀할 거 같다고 얼버무리고 나왔다. 이렇게 모두가 맞벌이를 하는 상황이다 보니 조부모가 가까이 사느냐 아니냐가 육아에 큰 영향을 미칠 수밖에 없다. 당연히 할머니, 할아버지의 날 행사는 어버이날만큼이나 중요하다.

이날을 위해 아이들은 시를 외운다. 행사가 시작하고 유치원 아이들이 모여 함께 시를 읊었다.

———

I nonni ci danno tutto l'amore
Usano sempre parole del cuore.
Sembra così, ma non sono tutti uguali
I nostri nonni sono proprio speciali.

할머니, 할아버지는 언제나 마음을 담은 말들을 통해
우리에게 모든 사랑을 전해줍니다.
모두가 똑같아 보이지는 않더라도
우리 할머니, 할아버지는 모두 진정으로 특별해요.

———

이안이는 전혀 외우지 못했지만 제일 앞줄 가운데에 자리를 잡고 어째 입은 비슷비슷하게 맞추고 있었다. 어릴 적 성당에서 기도문을 외우지 못해 겨우겨우 입모양만 흉내 낸 기억이 나서 그 모습이 귀엽기도 하고 웃기기도 했다. 엄마가 되기 전에는 이런 크고 작은 기념일들을 모르고 살았는데 아이를 키우면서 하나둘 알아간다. 그리고 특별한 날이면 언제나 시를 선물하는 아이들의 모습이 참 좋다.

매년 5월 둘째 주 일요일은 엄마의 날_{Festa della mamma}(이탈리아는 엄마의 날, 아빠의 날이 따로 있다)이다. 이맘때 유치원에서 만들어오는 선물에도 어김없이 시가 있다.

Mamma

La casa senza mamma

È un fuoco senza fiamma,

Un prato senza viole,

Un cileo senza sole.

Dove la mamma c'è

Il bimbo è un piccolo re,

La bimba una reginella

E la casa è molto più bella.

엄마가 없는 집은

불꽃이 없는 불

팬지꽃이 없는 풀밭

해가 없는 하늘입니다.

엄마가 있는 곳에서

아이들은 작은 왕이고

여왕이며

집은 더없이 아름답습니다.

마이클 무어 감독의 다큐멘터리 〈다음 침공은 어디?〉에서 미국의 교육 상황을 들려주며 핀란드 교육관에 대해 인터뷰하는 장면이 나온다. 인터뷰 도중 감독이 어떤 말을 하자, 한 핀란드 선생님이 할 말을 잃고 망연자실한다. "미국의 학교에는 시론을 가르치는 수업이 없어졌습니다"라고 말하는 순간이다.

처음 이탈리아에 와서 어학원을 다닐 때도 시를 적는 수업이 있었다. 시에는 비록 그 순간이 참담하고 참혹하다 할지라도 희망과 빛을 놓지 않겠다는 마음이 담겨있다. 윤동주의 시처럼 별을 노래하는 마음으로 모든 죽어가는 것을 사랑하겠다고 노래한다.

아들이 어린이집에 다니기 시작한 생후 14개월부터 지금까지 항상 시를 접하고 있다고 생각하면 어쩐지 행복한 기분에 사로잡힌다. 더불어 언젠가 아들이 나에게 직접 시를 지어 들려주는 상상을 하면 가슴 깊은 곳이 찌릿해져 온다.

낙서에도 낭만이 흐른다

집 앞 골목길, 아들과 유치원을 오가는 길에는 많은 낙서들이 있다. 그조차 낭만이 흐른다.

———

Ti difenderò da incubi e tristezza
E ti abbraccerò per darti forza sempre
Auguri vita +18

악몽과 슬픔으로부터 널 지켜줄게.
너에게 힘을 주기 위해 항상 널 안아줄게.
18살, 너의 생을 축복해.

———

Non ti prometto che sarà una fiaba.
Ma ci sarò qualunque cosa accada!
F. ♡

한 편의 동화 같을 거라고 너에게 약속할 순 없어.
하지만 어떠한 일이 펼쳐진다 해도 내가 곁에 있을게.
사랑해, F

Io credo in te...
Tu non sei sola,
Sei solamente unica

난 널 믿어.
넌 혼자가 아니야.
넌 하나뿐인 특별한 사람이야.

남편이 이탈리아 남부의 한 식당에서 손님과 식사를 하고 있을 때의 일이다. 지중해가 내려다보이는 환상적인 장소에 위치한 레스토랑이었다. 손님이 주문한 식사가 나왔고 요리를 내려놓으며 웨이터가 말한다.

"이 파라다이스에서의 순간들을 단 하나도 놓치지 마세요."

모두가 보물이고 사랑이다

관계는 각박해지고 말은 거칠어지며 표현은 자극적으로 변해버린 지금 이 시대에 시가 무슨 소용이냐고 할지도 모르겠다. 하지만 그렇기 때문에, 여전히 시가 우리 곁에 있음을 감사해야 할 것 같다.

이탈리아 사람들은 자기 언어를 무척 사랑한다. 이태리어를 소개할 때면 꼭 하는 말이 있다. "우리 말은 시고, 노래야."

언어조차도 '아름답다'고 표현하는 것이 어쩐지 너무나 이탈리아답다. 억양, 운율, 표현 모두 분명 말을 하고 있는데 노래가 되고 시가된다. 이탈리아에서는 아이들을 사랑Amore, 보물Tesoro이라고 부른다. 아이와 함께 거리를 걸으면 우리를 지나치는 모든 이들이 걸음을 멈추

고 사랑스러운 인사를 건넨다. 겨우 대여섯 살 정도 된 아이들이 더 어
린 아이의 얼굴을 쓰다듬으며 '아모레'라고 안아주는 모습은 일상의
풍경이다. 그런 자연스러운 표현은 그 아이 역시 어디에서나 누구에
게나 보물이 되고 사랑이 되어봤기에 가능할 것이다.

　　이런 일상에 익숙하다 보니, 일 년에 한 번 한국에 휴가를 가면 아이
들은 늘 당연하게 받던 관심을 받지 못해 당황한다. 아무리 어려도 사

랑받는 것은 귀신 같이 아는지 최근 낯가림이 심해진 둘째조차 이탈리아 사람들에게는 거리낌 없이 안긴다. 이탈리아 사람들의 솔직한 표현이 좋은 거다. 이렇게 자란 아이들은 성인되어서도 우리가 '오그라든다'고 말하는 로맨틱한 표현에 거침이 없다. 어쩌면 이탈리아 남자가 바람둥이라는 오해 아닌 오해는 그런 솔직한 표현 때문에 생긴게 아닐까?

이들에게 언어란 아름다움을 찬양하고 사랑을 노래하기 위해 존재하는 것 같다. 아름다우면 아름답다고, 사랑하면 사랑한다고, 당신은 나에게 보물 같은 존재라고, 너무나 매력적이라고 말하고 또 말해준다. 이제 갓 다섯 살이 된 나의 아이 또한 그러하다.

아름다운 언어의 아이

지난 6월 한글학교 종업식이 있었다. 둘째 유모차 때문에 제일 뒤쪽에 자리를 잡고 종업식 행사를 기다렸다. 자기 순서를 앞두고 무대 아래에서 대기하고 있던 아이가 선생님에게 안겨 울면서 나에게 왔다. 아무리 찾아도 내가 보이지 않아서 그랬나보다. 나를 보더니 안심을 한 아이가 눈물을 닦으며 나에게 속삭였다.

"엄마 눈빛이 너무 멀어 슬펐어."

아이의 아름다운 말을 듣고 있으면 '분명 이 아이가 유치원에서 이런 말을 듣고 있구나' 싶어 마음이 놓인다. 아이가 자기 마음을 이렇게 아름다운 언어로 만들고 표현할 줄 아는 어른으로 자란다면, 그것 하나만으로도 이곳에서의 삶을 감사해야 할 것 같다.

chapter 05
:
이탈리아 남자들

이탈리아 남자들은 멋있다?

이탈리아에 발을 내딛는 모든 여성, 심지어 남성들조차 기대하는 것이 있다. '거지도 장동건'이라는 이탈리아의 남자들이다. 그러나 로마 중앙역에 도착해 거지를 보는 순간 느껴진다. 그냥 딱! 거지라는 것을. 기대를 저버리는 상황에 대상도 딱히 모르는 누군가에 치미는 분노. 누가 그랬어, 이탈리아 남자 멋지다고!

하지만 그럼에도 불구하고, 이탈리아 남자들은 확실히 멋있다. 잘생겼다는 게 아니라(물론 가끔 미치도록 잘생긴 사람을 마주치기도 한다. 아주 드물게!) 멋이 있다. 그리고 그 멋은 갑자기 만들어 지는 것이 아니다. 마치 로마처럼.

남자는 하늘색, 여자는 분홍색

유치원의 정규시간은 오후 2시 반까지다. 이후 시간에 아이가 유치원에 남을 경우 낮잠을 자거나 정원에서 논다. 만약 부모들이 원하면 방과 후 특별활동Dopo scuola도 진행된다. 아들의 유치원의 경우 3~4살 반에서는 놀이 무용Gioco danza 수업이 있고 다음 해부터 축구 수업이 추가된다.

흥이 많은 아이를 위해 우리는 무용 수업을 등록해주었다. 등록을 하고 나서야 알게 되었다. 이안이는 유치원이 생긴 이래 처음으로 무용 수업에 등록한 남자아이였다.

이탈리아에서 아이를 키우면서 깨닫게 된 아주 의아한 점이 있다. 바로 남녀의 구분이 '의외로' 강하다는 것이다. 가부장적 혹은 남녀 차별의 느낌과는 조금 다른데 남자와 여자의 영역이 무척 명확하게 나눠진다.

이는 태어나는 순간부터 시작된다. 이탈리아에서는 아기가 태어나면 가장 먼저 병실과 집 밖에 피오키Fiocchi라고 불리는 꽃을 단다. 남자아이라면 하늘색 꽃, 여자아이는 분홍색 꽃을 붙인다. 누가 봐도 아들을 낳았는지, 딸을 낳았는지 알 수 있다.

이름도 마찬가지다. 몇몇을 제외하고는 발렌티노/발렌티나, 파올로/파올라, 로도비코/루도비카처럼 대부분 남자는 어미가 '오', 여자는 '아'로 끝난다. 그래서 이름만으로도 남녀를 구분할 수 있다. 우리가 둘째의 이름을 '이도'로 정하자, 딸임을 아는 주변에서 많이 만류했다. 출산 후 우려했던 대로 이름만

Fiocchi

보고 아들인 줄 아는 의료진에게 검진 때마다 딸임을 인지시켜야만
했다.

　당연한 수순으로 침대, 옷, 손수건까지 모든 것이 남자아이는 하늘
색, 여자아이는 분홍색으로 맞춰진다. 외출할 때 딸아이에게 하늘색
옷을 입히면 어김없이 사람들은 남자아이냐고 물어본다. 어린이집을
지나 유치원을 다니게 되면 그렘뷸레Grembiule를 입는다. 일상복 위에 덧
입는 교복이다. 이때도 남자아이는 하늘색, 여자아이는 분홍색을 입
는다. 아이들은 자연스럽게 하늘색은 남자의 색, 분홍색은 여자의 색
으로 인식하게 된다. 난 아랑곳 않고 아들에게 분홍색 옷을 자주 입혔

다. 하지만 처음엔 멋모르고 잘 입던 아들도 유치원에 들어가자 분홍색 티셔츠를 입히려고 하면 오열을 하며 옷을 벗겠다고 난리가 났다. 신기한 건 눈물을 흘리는 것은 부끄러워하지 않는다. 감정에 아주 솔직하다. 그리고 섬세하다.

유명한 유튜브 동영상 중에 이탈리아 초등학생들을 촬영한 영상이 있다. 여자아이를 앞에 두고 칭찬해 보라는 말에 남자아이들은 소녀의 아름다움에 대한 찬사를 보낸다. 웃겨보라는 말에 최선을 다해 웃음을 주려 한다. 하지만 여자아이를 때려 보라는 말에는 하나같이 당황한다. 돌연 심각해진 아이들은 장난으로라도 때리거나 때리는 시늉조차 하지 않고 제안을 거절하는데, 이유를 묻자 이렇게 대답한다.

"왜냐면 전 남자니까요. 여자는 꽃으로도 때릴 수 없어요."

'여자는 이렇고, 남자는 이렇다'는 식의 고정관념이 강하게 깔려있는 것이 마냥 좋다고만 할 수는 없다. 이탈리아 역시 사회적으로 남녀 불평등이 큰 문제다. 하지만 이곳 사람들은 남녀의 차이를 차별이 아닌 다름으로 받아들이고 있다는 생각이 들었다. 다르기 때문에 더 배려하고 존중한다는 느낌이다.

특히 임신했을 때나 아이와 함께 할 때는 어김없이 우대를 받는다. 계단을 내려가려고 하면 어디선가 청년들이 나타나 유모차를 들어주고, 나이 지긋한 신사분이 줄을 양보하며 먼저 계산할 수 있도록 비켜준다. 친구들과 웃고 떠들던 남학생들이 문을 잡고 기다려주는 것도, 길거리에서 가방을 대신 들고 걷는 남자를 발견하는 것도 익숙한 일이다. 무엇보다 그들에게는 '배려'라고 이름붙인 이 모든 행위가 숨 쉬듯 자연스럽다.

멋진 남자들의 향연

멋 부리기 좋아하는 이탈리아 사람들, 특히 그 정도가 최고조에 다다른 이탈리아 남자들을 원 없이 만날 수 있는 행사가 있다. 전 세계 모든 멋쟁이들을 피렌체로 모여들게 하는 피티 워모Pitti Uomo다.

피티 워모는 매년 1월과 6월 피렌체에서 열리는 이탈리아 최대의 남성복 박람회다. 작은 키, 짧은 다리, 튀어나온 배에도 당당한, 민머리조차 패션 아이템이 되는, 머리부터 발끝까지 완벽하게 세팅되었지만 그 모든 것이 일상인 듯 자연스러운 바로 그 이탈리아 남자들이 등장해 매년 세계를 선도할 트렌드를 공유하는 곳이기도 하다. 우리 부부는 피티 워모 시즌이 되면 하루 시간을 내 피렌체에 간다.

2014년에는 갓 태어난 아들과 함께 피티 워모를 찾았다. 행사장 내부는 유모차 반입이 불가했고 어쩔 수 없이 아이를 안고서 입장해야 했다. 행사장으로 들어서는 순간, 마치 약속이나 한 듯 우리에게 쏟아지는 시선들. 왕관 모자를 쓴 이안이를 보고 사람들이 외쳤다.

"You are the NO. 1!"

아이를 향한 사진 요청이 쇄도했다. 피티 워모는 패션 관계자만 입장이 가능하기 때문이 행사장 내 대다수가 패션종사자다. 엄청난 패피들 사이에서 우리는 아이와 함께했다는 이유로 엄청난 관심을 받았다.

아이들을 바라보는 이들의 눈빛에는 언제나 애정이 묻어난다. 많은 곳을 여행해 봤지만 이탈리아 사람만큼 아이를 사랑하는 사람들은 만난 적이 없다. 그리고 이탈리아 남자들만큼 애정을 있는 그대로 표현하는 사람들도 없다. 이탈리아 남자가 가장 섹시해 보이는 순간

은 한 손으로 에스프레소를 마시며 다른 한 손으로 유모차가 지나갈 수 있도록 무심한 듯 문을 잡아주고 있을 때다. 감사의 인사를 하면 웃으며 대답한다.

"축하해요. 아이가 너무 예뻐요."

멋의 완성은 매너다.

피티 워모에서는 아이의 서울대 합격을 바라며 서울대 정문에서 사진을 찍고, 아이비리그를 견학가는 부모의 마음이 되어 버린다. 이 멋진 남자들의 기운을 듬뿍 받기를!

나이에서만 나올 수 있는 멋

피티 워모에 갔다가 집으로 돌아올 때면 이상하게도 사람들의 옷
차림보다 인상에 남는 것이 있다. 진짜 멋진 남자들은 모두들 나이가
지긋했다는 것이다. 사람들이 열광하는 브랜드로 무장하지 않았음에
도, 무심히 걸어 올린 바지에 운동화를 신은 노년의 멋쟁이들이 기억
에 오래 남는다. 브랜드가 아니라 그들의 나이에서, 그들이 살아온 삶

에서 나오는 멋이었다. 자기 자신을 사랑하고 자신의 삶을 사랑하며 그 삶을 진정 즐길 때 나올 수 있는 멋.

이탈리아에서 살면 살수록 진짜 멋쟁이들은 청년도 중년도 아닌 노년이라는 생각이 든다. 나이든 이탈리아 남자들은 젊을 때 멋진 것보다 나이 들어 멋진 것이 훨씬 폼 난다는 것을 몸소 보여준다.

사는 대로 생각하는 것이 아니라 생각하는 대로 사는 듯한 사람들을 보면 이탈리아 패션의 거장, 알바자 리노Al Bazar Lino의 유명한 말이 떠오른다.

———

스타일은 유행이 아니고,
우리 가슴속에 있는 어떤 것이다

Style is not fasion,
It's something inside we have.

———

chapter 06
:
건강한
음식에 대한 본능

오늘의 식탁을 채우는 아침 시장

성탄을 이틀 앞두고 시장으로 향했다. 12월 중순이 되도록 봄날처럼 따뜻하던 로마는 느닷없이 찬바람이 불기 시작했다.

옷깃을 여미며 시장으로 들어서면 입구에서 어김없이 나소니Nasoni를 만난다. 코끼리 코 모양의 관으로 쉼 없이 물이 흐르는 로마의 식수대다. 실제로도 이탈리아어로 '큰 코'라는 뜻의 이 식수대는 1874년 꽃 시장과 생선 시장을 중심으로 확장되어 현재는 로마 곳곳에서 쉽게 만날 수 있다. 로마의 아침은 나소니의 물을 받아 생선을 다듬고 꽃에 물을 주는 분주함으로 시작된다.

우리는 반찬이라는 개념이 있어 굳이 매일 장을 보지 않아도 되지만 이탈리아 사람들은 대부분 그날그날 장을 본다. 다른 식문화 탓도 있겠지만 이탈리아 사람들에겐 가장 신선할 때 음식을 섭취한다는 마인드가 깊숙하게 자리하고 있는 것 같다. 이탈리아 남자와 결혼한 친구가 어느 날 고기를 넉넉히 사서 얼리자, 남편이 왜 좋은 고기를 얼려서 나쁘게 만들어 먹느냐고 물었다는 웃지 못할 일화가 있었다. 김치는 몇 달씩 두고 먹어도 된다는 말을 끝끝내 이해하지 못하던 이탈리아 친구도 떠오른다. 그러고 보면 방부제를 넣지 않은 음식을 그렇게나 오래 두고 먹는다는 게 납득하기 어려울 수도 있겠다.

한발 더 가까이, 이탈리아 시장

여행을 제대로 하고 싶다면 그 나라의 시장에 가보라는 이야기, 한번 쯤은 들어봤을 것이다. 로마에 살고 있는 나에게도 시장은 이곳의

삶 속 깊숙이 스며들어가고 있음을 느끼게 해주는 장소다. 처음엔 구경하느라 정신 없었지만 이제는 나름 단골가게도 있고 전문용어(?)로 주문도 한다.

자주 가는 시장에는 무뚝뚝한 아주머니가 운영하는 견과류 가게가 있다. 마치 우리나라 반찬가게처럼 갖가지 절인 올리브를 파는데, 그중에서도 살짝 매콤한 올리브는 반찬 노릇을 톡톡히 한다. 처음 이곳에서 올리브 200그램을 달라고 하자 "2 에티$_{etti}$?" 하고 되물었다. "아니, 200그램!"이라고 답하니 한 번 더 되묻더니 답답하다는 뉘앙스를 팍팍 풍기며 올리브를 담아주었다.

알고보니 "소고기 600그램 주세요"라고 이야기하자 "1근?"이라고

되묻는 상황이었던 것이다. 이 일이 있은 후 며칠 뒤 다시 올리브를 사며 자신 있게 "올리브 2에티 주세요!"라고 외쳤다. 아주머니는 이래도 저래도 여전히 무뚝뚝했지만 한 발짝 더 이탈리아에 가까워진 듯한 기분이 들어 괜히 들떴다.

올리브를 사 들고 생선 가게로 향했다. 저녁 메뉴는 토마토와 생선 살을 넣은 파스타다. 남는 생선으로는 조림을 해야겠다고 생각하며 생선을 고르고 있는데 옆에 서 있던 할머니가 "그럼 내일 대구 찾으러 올게요. 좋은 걸로 부탁해요" 하고서 발걸음을 옮긴다.

이탈리아에서는 보통 연말에 생선요리를 먹는다. 가톨릭 국가인 이탈리아에서 가장 큰 의미를 가지는 날, 성탄절은 모든 가족이 한자리에 모이는 최대 명절이다. 명절날 고향으로 돌아오는 가족들을 위해 요리를 준비하고자 생선을 주문한 것일 테다. 문득, 매년 명절이면 시장에서 가장 좋은 생선을 사두던 할머니가 떠올랐다. 바로 옆 견과류 가게에서 들뜬 마음이 채 1분도 지나지 않아 먹먹함으로 바뀐다.

시장에 도착한 계절

생선 가게를 나와 채소 가게로 향했다. 우리나라와 기후조건이 비슷한 이탈리아에서도 12월이 다가오면 귤을 맛볼 수 있는데 알은 작고 껍질은 얇다. 맛도 조금 더 새콤하다. 귤에 푹 빠져서 하루에 5개 이상 먹어 치우는 아들 덕분에 집에 귤이 끊이질 않는다. 한국에선 귤을 박스째 사다가 겨울 내내 먹곤 했는데 어찌된 일인지 이탈리아에선 귤을 사고 3, 4일만 지나도 무르고 곰팡이가 생긴다. 어쩔 수 없이 매일 먹을 만큼씩만 살 수밖에 없다.

이 시즌에는 또 하나 반가운 과일, 홍시도 등장한다. 홍시와 귤을 사고 브로콜레티Brocoletti도 잔뜩 구입했다. 이탈리아에서 처음 본 채소 중하나인 브로콜레티는 순무의 무청으로 한국의 갓과 비슷하다. 치메디 라파Cime di rapa가 공식 이름이지만 꽃 부분이 브로콜리와 닮아 '작은 브로콜리'라는 뜻의 브로콜레티라고 불린다. 쌉싸름한 맛이 나는 이

채소는 주로 푹 삶은 고기의 사이드 야채로 먹는데, 브로콜레티로 김치를 담그면 아삭하게 씹히는 맛이 일품이다.

맛과 모양 모두 너무나 생소했던 피놋키Finocchi 역시 이탈리아에서 처음 만났다. 미나리과에 속하는 이 심장모양 채소는 독특한 맛과 향 덕에 약초로 알려져 있으며 고급 요리의 식재료로 사용된다. 이탈리아에서는 예로부터 가장 비싼 식재료로 손꼽히며 정력제로도 많이 쓰였다고 한다. 흰 부분은 그대로 잘라 소금과 섞은 올리브유에 찍어 먹고, 줄기는 잘게 잘라 파스타에 곁들여 먹는다. 전에 갔었던 한 식당에선 폴페타Polpetta (이탈리안 미트볼) 위에 올려 먹으니 무척 잘 어울렸던 기억이 난다. 지금이야 너무나 좋아하지만 이 맛을 즐기게 된 것은 최근의 일이고 처음 맛보았을 땐 왠지 향신료를 씹는 듯 강한 향과 맛이 적응하기 힘들었던 채소이기도 하다.

황소 심장, 황홀함은 덤

이탈리아 채소에 토마토가 빠질 수 없다. 그중에서도 봄이면 꽃보다 더 나를 설레게 하는 것이 있다. 토마토의 제왕, 쿠오레 디 부에Cuore di bue다.

황소 심장이라는 이름처럼 정말 심장같이 생긴 이 토마토는 프로슈토 토마토, 스테이크 토마토라고 불리며 토마토 중 가장 가격이 비싸다. 왜 스테이크 토마토라고 불리는지는 한입 베어 무는 순간 바로 알 수 있다. 토마토 주제에 식감은 최상급 소고기 스테이크 같으며 풍미는 최고의 장인이 숙성한 프로슈토 향이 난다.

쿠오레 디 부에는 완전히 붉게 익기 전, 초록빛이 감돌 때 맛보기를 추천한다. 겨울을 지나 적당히 질겨진 껍질의 식감이 아삭거리며 씹는 맛을 더한다. 일반적으로 토마토는 씨가 적어지는 8월에 가장 맛있다고 하지만 이 토마토만큼은 봄에 맛보기를 추천한다.

아직은 쌀쌀했던 봄날, 친구의 시어머니께서 초대해주신 점심식사에 올리브유가 뿌려진 쿠오레 디 부에가 나왔다. 맛을 본 우리는 분명

이 토마토에는 분명 풍미를 더해주는 재료가 들어갔을 것이라 확신
했다. 하지만 올리브유와 소금 그 뿐이었다.

예전에 〈제이미 올리버-이탈리안 이스케이프〉라는 프로그램을 본
적이 있다. 영국의 스타 요리사 제이미 올리버가 이탈리아의 작은 마
을을 여행하며 현지 사람들에게 자신의 요리를 선보이는 내용이었는
데, 음식을 맛본 이탈리아 사람들의 반응은 그리 좋지 않았다. 제이미
는 '이 좋은 재료에 뭘 그렇게 많이 넣었느냐'고 되묻는 그들을 이해하
지 못한다. 요리를 몰라서 그렇다고 생각하던 그는 여행이 끝날 때쯤
깨닫는다. 최고의 이탈리아 요리는 바로 재료 그 자체였다는 것을.

이탈리아 친구의 집에 초대 받아 식사를 할 때면 일상적으로 펼쳐
지는 풍경이 있다. 심심하다 못해 청순해 보일 만큼, 그 어떤 기교도

부리지 않은 식탁이다. 샐러드는 상추에 토마토(토마토조차 없을 때도 있다), 파스타는 잘 익힌 면에 소박한 소스가 전부다. 하지만 식사가 시작되고 음식이 입에 들어가는 순간, 모두가 약속이라도 한 듯 손을 휘휘 저으며 황홀한 표정을 짓는다. 누가 보고 있어서가 아니다. 절로 그런 표정이 나오고 만다. 그리곤 음식, 아니 재료에 대한 설명이 이어진다.

"그 토마토는 어디에서 왔고 올리브유는 누구네 삼촌이 직접 짰고, 고기는 어느 지방에서 왔고…" 그러면 지난번에 어디서 뭘 먹었는데 그때 그 생선이 참 신선했다는 둥, 다음에 오면 제철인 호박꽃으로 튀김을 해준다는 둥, 이야기는 끝없이 이어진다.

물론 한식도 재료 본연의 맛이 중요하지만 이탈리아 음식은 재료 자체에 좀 더 집중하는 느낌이다. 그리고 재료 하나하나에 대한 관심과 이해가 일상적으로 이루어진다. 자극적이진 않지만 본연의 풍미를 가득 담은 식탁에 적응이 되면 혀는 아주 섬세한 맛까지 놓치지 않도록 훈련된다. 자연스럽게 아주 어릴 적부터 신선하고 건강한 음식에 예민해질 수밖에 없다. 마치 건강한 음식에 대해 본능을 장착하고 태어난 것처럼 말이다.

한국에서 많이 각색된 이탈리아 요리를 접하고 온 여행객들이 현지 음식을 먹으면 너무나 잔잔하고 꾸밈없는 영화를 보는 기분이 들지도 모르겠다. '이곳은 재료 본연의 맛을 가장 중요하게 생각합니다'라는 교과서적인 설명이 썩 와닿지 않을 수도 있다. 그런 사람들에게 백 마디 말보다 효과적인 방법이 있다. 쿠오레 디 부에를 맛보게 하는 것이다. 토마토를 큼직하게 잘라 잘 익은 아보카도를 뚝뚝 떠서 얹은 다음 지중해에서 온 분홍빛의 소금을 갈아서 올린다. 여기에 남편이 이탈리아 남부 풀리아, 2,000년이 넘는 올리브나무가 있는 농장에서 가져다 준 올리브유를 올린다. (이탈리아에 살면서 좋은 식당을 찾는 방법 중 하나가 바로 식당에서 나오는 올리브유를 맛보는 것이다. 올리브유에서 최상급 풍미가 느껴지면 절대 실패하는 법이 없다)

자 이제 입에 넣고 그 맛을 음미한다. 음식이 사람에게 줄 수 있는 최고의 행복을 느낄 수 있을 것이다. 이 토마토가 나의 몸뿐만 아니라 마음까지 건강하게 해줄 거라는 강렬한 믿음을 불러올 수도 있다. 심지어 '그렇지, 결국 가장 중요한 것은 많은 무언가가 아니라 흔들림 없는 하나지!'라는 생각에 도달할지도 모른다. 천국은 어쩌면 우리 가까이에 있다는 과장된 황홀함은 덤이다.

더할 나위 없는 맛

채소 가게 쥬세페 할아버지와 인사를 하고 식료품 가게에서 파스타를 사서 시장을 나선다. 오늘도 양손이 무겁다. 항상 시장에 가기 전에 살 품목을 정하고 가는데, 과하게 건강해 보이는 과일과 채소를 보고 있자면 충동구매 욕구에 무너지고 만다.

집으로 돌아와 브로콜레티를 씻는데 잎 사이에서 뭔가 움직인다. 적어도 2센티미터는 되어 보이는 달팽이 두 마리가 사태의 심각성을 깨닫지 못하고 정신없이 돌아다니고 있었다. '제대로 신선한 식사를 즐기고 있는 팔자 좋은 달팽이들이구나' 싶어 웃음이 났다. 브로콜레티 한 줄기를 떼서 그들에게 양보하고 생선과 야채를 다듬고 토마토

를 뭉근하게 끓여 파스타 소스를 만든다. 소금도 넣지 않고 올리브유
만 몇 방울 넣어 끓였을 뿐인데 더할 나위 없는 맛이 났다. 주방 가득
토마토 소스의 향이 가득하고 냄비의 열기로 한껏 따뜻해지자 타지
에서 맞이하는 연말, 조금은 서글프던 마음이 사르르 녹는다. 불을 줄
여 몇 분 더 소스가 끓게 놔두고 읽다만 책을 손에 들었다.

건강한 이탈리아
식재료를 구하는 방법

'이탈리아 제품=좋은 음식'이라는 인식이 깔려있어 비쌀 것 같지만, 이탈리아 내에서 파스타면이나 토마토 소스는 주식이기 때문에 저렴한 제품도 많습니다. 이탈리아 현지인들이 가장 많이 먹는 제품은 어디서 사면 좋을까요?

계절이 가장 먼저 도착하는 곳, 시장

이탈리아의 계절을 만끽할 장소로 시장만 한 곳이 없습니다. 매 계절 어떤 재료가 가장 좋은지 알 수 있는 곳이 바로 시장입니다. 슈퍼의 과일과 채소들도 신선하지만 아직까지 많은 사람들이 주로 시장을 이용합니다. 토마토의 나라답게 매 계절마다 재배되는 토마토가 다르고, 형형색색의 과일과 채소를 만나는 기쁨도 큽니다. 단골 가게가 생기면 언제나 바질과 샐러리는 서비스죠. 어디에서 과일을 사야 할지 고민이라면 무조건 할머니들이 붐비는 곳을 공략하면 됩니다. 로마의 시장은 새벽 일찍 열고 정오쯤 문을 닫으니 되도록 오전 시간을 활용하기를 바랍니다. 시장을 찾기 힘들다면 숙소 근처의 아무 카페에 들어가 "mercato dove?(시장 어디?)"라고 물어보세요. 다들 알려주고 싶어 안달이 날 테니 시장을 찾는 것은 걱정하지 않아도 됩니다.

이탈리아의 슬로우푸드 마켓
———

만약 고퀄리티의 제품들을 원한다면 '이틀리Eataly'를 추천합니다. 이탈리아 식재료 백화점이라고 생각하면 쉬운데요. 2009년 파리네티라는 한 기업가가 오랜 친구이자 슬로우푸드의 창시자인 페트리니에게 자문을 구해 만든 마켓입니다. 이틀리는 단순히 저렴한 가격으로 좋은 음식을 구입할 수 있는 곳이 아닙니다. 패스트푸드에 밀려 점점 설자리를 잃어가는 이탈리아의 치즈, 와인, 올리브 오일, 햄, 소시지를 소비자에게 알리고 교육하여 대대로 내려오는 장인들의 방식을 지키고 생계를 유지하는 장을 마련하고 있습니다.

이틀리 정신 중 가장 중요한 것은 제철음식입니다. 이틀리에 들어서면 한가운데에 큼직하게 "제철음식이 더 맛있고 더 저렴하고 더 영양이 높고 몸에 좋다"고 적혀 있어요. 식재료뿐만 아니라 이탈리아산 주방용품, 화장품도 구입 가능하며, 신선한 재료로 만든 음식도 맛볼 수 있으니 식사를 해보는 것도 괜찮습니다.

유기농과 글루틴프리 제품을 구할 때

—

이탈리아에서 생산된 유기농 제품을 구입하고 싶다면 유기농 슈퍼 NaturaSi를, 글루틴프리 제품 구입을 원할 땐 약국Farmacia을 추천합니다. 대부분의 이탈리아 약국에는 식재료 코너가 있어요. 글루틴프리, 슈거프리 제품을 찾는 이들을 위한 코너입니다. 아이의 아토피가 심할 때는 주로 약국에서 식재료를 구입했어요.

요즘은 슈퍼에서도 유기농 글루틴프리 제품을 구입하는 것이 어렵지 않습니다. 이탈리아의 주식이 밀가루지만 오히려 그렇기 때문에 이를 대체할 제품들이 다양하게 나오고 있어, 아이가 아토피가 심할 때 대체할 과자, 파스타면 등을 구하기는 더 쉬웠답니다.

Senza glutine
글루틴 무첨가

Senza zucchero
설탕 무첨가

La Pasta integrale
통밀 파스타

La pasta di grano saraceno
메밀 파스타

chapter 07
:
이탈리아
축제의 나날

좋아서 여는 축제

이탈리아에는 베네치아 가면축제를 비롯해 수많은 축제가 존재한다. 아무리 작고 알려지지 않은 마을이라 하더라도 어김없이 그들만의 축제가 있다. 대다수의 축제는 막상 가면 조금은 허탈할 정도로 소박하다. 이름만 축제지, 그들만의 잔치라는 느낌이 더 강하다. 그런데 이상하게 그 모습이 그렇게 부러울 수가 없다.

오래전 다큐멘터리에서 시에나Siena의 팔리오 축제를 본 적이 있다. 1656년에 시작된 이 축제는 세계 2차 대전 기간을 제외하고 한 번도 빠짐없이 열렸다고 한다. 시에나의 축제뿐만 아니라 이탈리아의 축제들은 대부분 오랜 시간 동안 명맥을 유지해왔다. 그 힘은 무엇일까? 전통과 문화에 대한 엄청난 열의? 그 보다는 더 사소하고 더 중요한 이유, 즐겁기 때문이다.

세상의 모든 일이 그렇겠지만 무언가를 오래도록 지치지 않고 유지하기 위해서는 무엇보다 그 일이 즐거워야 한다. 이탈리아의 축제를 만날 때마다 느끼는 것은 축제의 주체인 그들이 즐거워한다는 것, 즐기고 있다는 것이다. 그래서 축제 자체보다 축제를 열고 즐기는 사람들을 보는 즐거움이 크다.

이탈리아의 축제는 무언가를 즐겁게 기념해 보자는 사람들의 마음으로 시작해 오랜 시간 그들의 후손에 의해 이어져 왔다. 모두가 좋아서 축제를 열었고 신명나게 즐겼더니, 함께 즐기기 위해 사람들이 모이고 어느새 전통이 되어 유명해졌다는 이야기는 얼마나 멋진가! 누군가에게 보여주기 위해서, 유명해지려고, 수익창출을 위해서 시작된 축제가 아니라 즐기기 위해 만든 축제. 그리고 이런 축제 문화의 근

원에는 이탈리아 사람들 특유의 여유로움(물질적 풍요가 아니다)이 있다. 어쩌면 이들에게 부러운 것은 소박한 축제에도 설레고 행복해하는, 어떠한 순간에도 잃지 않는 마음의 여유로움일지도 모르겠다.

꽃가루로 시작해서 꽃가루로 끝나는

2007년 2월의 어느 날, 영화 〈인생은 아름다워〉의 촬영지로도 유명한 로마 북쪽의 작은 중세도시 아레초Arezzo로 향했다. 떠나기 전에는 겨울의 쓸쓸한 중세도시를 상상했지만 그 여정에 채워진 추억은 떠나기 전 생각했던 것과 전혀 다른 모습이다.

당시는 이탈리아 카니발 기간이었다. 우리가 갔던 날 마침 카니발 퍼레이드가 있었다. 마을 곳곳 아이들이 카니발 옷차림을 하고 종이 꽃가루Coriandoli를 흩날리며 뛰어다녔다. 쓸쓸할 거라 생각했던 골목길은 종이 꽃가루로 가득 채워져 있었다. 이탈리아에서 처음 만난 카니발이었다. 작은 중세도시에서 만난 첫 카니발 풍경은 아직도 선명하게 남아있다.

이탈리아어로 카르네 발레Carne Vale라고 불리는 카니발은 가톨릭과 관련이 있다. 예수가 부활 전 40일간 고난을 받으며 기도했던 그 기간을 생각하며 부활절 40일 전을 '사순절'이라고 한다. 신자들이 금욕과 단식, 그리고 참회를 하며 지내는 기간이다. 사순절이 되기 전 열흘은 사육제라고 부르며, 우리에게 주어진 열흘이라는 시간 동안 흥겹게 그리고 즐겁게 즐기면서 사순절을 준비하자는 의미가 있다. 부활절을 기준으로 축제 시작일이 매년 바뀌며, 보통 1월 말에서 2월 사이에 시작해 사순절 전날에 끝난다.

카니발의 어원에 대해서는 의견이 분분하지만 그중 이탈리아어로 고기를 의미하는 카르네Carne와 연관되었다는 주장이 가장 유력하게 받아들여진다. '고기를 멀리하다'라는 뜻의 카르네 레바레Carne Levare와 '고기여 안녕'이라는 카르네 발레Carne Vale에서 카니발이 파생되었다고 본다.(물론, 현재 이탈리아 사람들 대다수는 사순절 기간에도 고기를 먹는다)

그리스도의 수난을 되새기며 금욕을 해야 하는 사순절이 시작되기 전까지 풍족하게 먹으며 연회를 벌이고 서커스, 가면무도회 등을 즐기던 풍습이 오늘날 카니발로 자리 잡았다고 한다. 한국어로 사육제謝肉祭라고 하는데, 이 역시 '고기를 멀리하다' 또는 '고기를 없애다'라는 뜻이다.

이탈리아의 카니발은 세계 10대 축제로도 유명한 베네치아 카니발로 많이 알려져 있다. 그래서 보통 이탈리아의 카니발은 베네치아에서만 볼 수 있다고 생각하는 경우가 많다. 가장 규모가 크고 많이 알려져 있는 도시가 베네치아인 것이고 카니발 기간에는 이탈리아의 크고 작은 모든 도시들이 축제를 연다.

베네치아 카니발도 화려하고 멋지지만 우리는 정겹게 즐기는 이탈리아 사람들의 일상 속 카니발 모습을 무척 좋아한다. 로마에서도 카니발 기간에는 이탈리아 특유의 카니발을 즐기는 모습을 볼 수 있다. 소박하지만 유쾌하다.

아이들은 귀여운 분장을 하고 부모님과 함께 거리로 나온다. 특별한 무언가를 하는 건 아니다. 그냥 그렇게 분장을 하고 거리를 누빈다. 색색의 종이 꽃가루가 가득 든 봉지를 들고서 말이다.

아이들이 뿌리는 종이 꽃가루가 흩날리면 카니발이 시작된다. 엄마, 아빠의 손을 잡고서 종이 꽃가루를 날리며 뛰어다니는 아이들은 세상 가장 행복해 보인다. 그렇게 꽃가루 한 줌은 아이들에게도, 그 아이들을 바라보는 사람들에게도 행복을 한 가득 선사한다. 카니발이 끝나면 흩뿌려진 종이 꽃가루들이 로마의 돌바닥 사이사이 소복하게 채워진다. 처음 보았을 땐 저걸 어떻게 다 치우려고 아이들이 뿌리도록 내버려 두는 걸까 걱정이 됐다. 의외로 답은 간단했다. 안 치운다.

카니발엔 한복이죠

2009년 결혼을 하고 한국에서 이탈리아로 돌아오는 우리의 손에는 한복세트가 들려 있었다. 폐백 때만 입을 걸 굳이 살 필요가 있을까 싶어 그냥 대여하겠다는 우리에게 시어머니가 손수 사서 안겨주신 한복. 해외에 사는 아들 내외의 품에 한복을 안겨주고 싶은 어머니의 마음이 고스란히 담긴 선물이었다.

다시 입을 일이 있을까 싶던 한복을 로마에서 주구장창 입게 될 줄은 정말 몰랐다. 한복을 안고 로마로 돌아오는 비행기 안에서 남편과 장난처럼 이야기했다. 언젠가 꼭 한복을 입고 베네치아 카니발에 가 보자고.

장난같던 그날의 약속은 5년이 지나 이안이를 낳고 현실이 되었다. 2013년, 6개월 된 아들과 함께 베네치아로 향했다. 물론 한복 차림으로 6개월 된 아이를 안고 베네치아를 누빈다는 건 결코 만만한 일이 아니었다.(심지어 당시 난 수유까지 해야 했다. 한복은 수유 중인 어미에게 결코 친절한 옷이 아니다!) 그럼에도 불구하고 이 날은 우리 가족의 가장 유쾌한 추억이 되었다. 앞으로도 우리 가족의 가장 큰 자랑이 되리라는 건 의심의 여지가 없다.

무채색의 대리석 건물과 에메랄드빛의 바다를 배경으로 한 한복은 참 아름다웠다. 한복을 입고 골목길을 누비는 남편의 모습은 마치 베니스의 개성 상인 같았고, 우리를 지나쳐 가는 모든 이들은 감탄했다.

이후 우리 집 아이들의 카니발 공식 복장은 한복이다. 처음 어린이집 카니발 행사에 한복을 입고 등원한 아이는 단연 그날의 주인공이었다. 이후로 아이는 한복을 왕자님 옷이라고 부른다. 아이 눈에도 한

복은 멋져 보였는지, 불편한 옷은 절대 입지 않는 아이가 한복을 입은 날엔 투정 한번 없다. "난 이 옷을 입은 내 모습이 너무 좋아!" 그래, 네가 좋으니 나도 좋다.

한복은 단아하다고 생각하는 사람들이 많지만 해외에서 한복을 만나면 화려하다는 말밖에 떠오르지 않는다. 정말 튄다. 세상 모든 공주님들이 모인 카니발에도 단연 한복 입은 공주님이 최고다.

내년 카니발 행사에는 한복 입은 왕자님이 한복 입은 공주님 손을 잡고 종이 꽃가루를 뿌리며 로마 거리를 뛰어다닐 것이다. 사순절이 오면 카니발은 끝나겠지만, 축제의 나날은 계속 된다.

한복 입고 교황을 만나다

매주 수요일 오전, 교황은 바티칸 베드로 광장에서 사람들을 만난다. 알현, 이탈리아 말로 우디엔짜_Udienza_다. 행사는 10시 정도 시작되나 교황은 9시에서 9시 반 사이에 나와 광장을 돌며 사람들을 만난다. 이때 아이와 함께 하면 경호원들이 아이들을 교황에게 인도하여 축복을 내려준다. 특히, 프란체스코 교황은 아이들을 무척 좋아하는 것으로 유명하다.

2015년 3월, 이안이는 두 돌을 며칠 앞두고 한복을 입고 교황과 인사하는 영예를 누렸다. 2017년 4월, 이도는 세례를 받았다. 세례식을 위해 지난 한국 휴가 때 이도의 한복을 구입해 로마로 돌아왔다. 세례식 이후 한복을 입은 이도의 두 번째 외출은 바티칸이었다.

남편이 매주 수요일부터 토요일까지 투어를 진행하고 있어 알현은 단념하고 있었는데 5월 단 한 주, 투어 스케줄이 조정되어 귀한 시간을 낼 수 있었다. 이안이를 유치원에 보내고 곧장 집으로 돌아와 이도에게 한복을 입혔다. 교황이 나오길 기다리는 수많은 사람 사이에서 자리를 잡고 서 있는데, 인파 속에서 아이를 안고 있는 우릴 보고 경호원이 다가왔다.

"거기 아이와 온 부부! 여기 제일 앞으로 오세요. 교황이 지나갈 때 아이에게 축복을 내려줄 거예요. 자 연습해 봐요. 다가가면 아빠가 팔을 뻗어서… 그래요, 잘 할 수 있죠? 여러분! 이 아이에게 고마워해야 할 거예요. 이 아이를 위해 교황이 여기 멈춰 설 거예요. 덕분에 더욱 가까이에서 교황님을 볼 수 있어요!"

잔뜩 흥분한 채 우리 뒤에 무리지어 서 있던 스페인 단체 관광객들이 그 말을 알아듣고 환호했다. 햇살이 뜨거워 이도 머리를 가제수건으로 가리고 있는데 뒤에 서 있던 스페인 아주머니가 가제수건의 양 끝을 잡고 매듭을 묶어 뚝딱 작은 모자를 만들어주었다.

사람들의 환호성이 크게 울려 퍼졌다. 흰 옷의 교황이 저 멀리 차를 타고 다가오고 있었다. 중간 중간 아이들이 보이면 어김없이 차가 멈추고 교황은 아이들에게 입을 맞췄다. 점점 우리 곁으로 다가오는데 경호원들이 너무 빨리 걷는 바람에 미처 우리를 보지 못하고 지나쳐버렸다. 그 순간이었다. 교황이 큰일이라도 난 듯 경호원들에게 차를 멈추라고 소리쳤다. 그리고 뒤를 돌아보며 우리에게 손짓했다. 경호원들이 급히 달려와 귀한 보물이라도 되는 듯 소중하게 이도를 안아 교황에게 전했다. 교황은 이도의 이마에 입 맞추며 축복했다. 우리 주변의 사람들도 난리가 났다. 교황을 만나고 온 아이에게 한마음으로 축복을 해주었다. 교황을 만나고 나서야 이도는 불편했을 한복을 벗고 편해졌다. 수고했어, 딸. 울지도 않고 자연스러웠어!

글을 쓰다 2014년 교황이 방한했을 당시의 사진을 보게 되었다. 교황을 보기 위해 광화문을 가득 채운 엄청난 인파. 그제야 우리가 얼마나 영광스러운 경험을 했는지 실감이 났다. 교황과 사진을 찍은 이도를 보고 누군가 그랬다. 많은 이들이 꿈꾸는 일이 우리의 일상에 펼쳐진다고. 비록 아들은 과자를 먹다 교황을 만나서 표정이 좋지 않았고 딸은 '이 할아버지가 누구지?' 하는 표정이었지만 말이다.

이런 순간들을 만날 때면 마음을 다해 기도하게 된다. 매일 감사하는 마음으로 살겠습니다. 이안이와 이도, 아름다운 아이들로 사랑을 듬뿍 담아 키우겠습니다. 감사합니다!

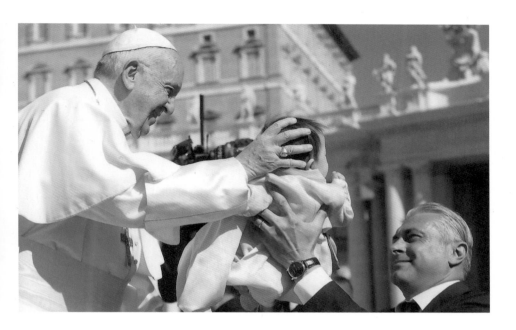

이탈리아 카니발,
어떻게 즐기면 좋을까?

1월 말에서 2월 사이 이탈리아를 방문할 예정이라면 아이들의 한복을
챙겨 오기를 추천합니다. 아이 한복은 부피도 작으니 부담 없을 거예
요. 한복을 입고 카니발 분장을 한 아이들과 함께 축제를 즐기는 건 분
명 멋진 추억이 될 테고, 주변 사람들로 하여금 엄청난 부러움의 대상
이 될 것입니다. 장담컨대 만나는 사람마다 함께 사진을 찍자고 난리
가 날 거예요. 이런 경험을 하고 나면 아이들도 분명 한복, 그리고 이
탈리아와 사랑에 빠질 겁니다. 만약 한복이 여의치 않다면 귀여운 캐
릭터 옷이나 귀가 달린 털모자로도 충분합니다.

카니발은 아이들에게 최고의 축제입니다. 종이 꽃가루를 마구 뿌리고
다닐 수 있다는 것만으로도요! 거리에서 흔히 볼 수 있는 상점이나 슈
퍼에 가면 1유로에 하루 종일 뿌리고 다닐 종이 꽃가루를 구입할 수
있습니다. 또한 고생스럽더라도 이때만큼은 무조건 사람이 많은 곳으
로 가야 합니다. 많이 모이면 모일수록 더 흥겨우니까요. 로마에선 포

폴로 광장piazza del Popolo이나 나보나 광장piazza Navona을 추천합니다. 언제나 비누 방울을 날리고 있어 아이들 사진을 찍으면 무조건 화보가 됩니다.

반나절 정도의 시간이 된다면 로마 근교의 작은 중세도시들도 좋습니다. 기차로 한 시간 정도 거리의 작은 마을에선 매년 가지각색의 카니발 퍼레이드가 열립니다. 구글에서 '라치오 주의 카니발Carnevale nel Lazio'이라고 검색하면 로마 근교에서 열리는 그 해의 카니발 퍼레이드 일정을 알 수 있습니다. 이름 모를 작은 마을에서의 카니발은 환상적인 추억을 만들어 줄 것입니다.

카니발 기간 동안 퍼레이드가 열리는 라치오 주의 작은 도시들

Acquapedente / Civita Castellana / Frascati / Frosinone / Latina / Pontecorvo / Ronciglione / Tivoli / Velletri

로마에서
교황을 만나는 방법

바티칸 교황청 홈페이지(w2.vatican.va)에 들
어가면 한 해 동안 진행되는 알현 일정과
바티칸 행사 일정을 알 수 있습니다. 교황
알현 행사는 무료이며 광장 입장은 모두에
게 열려 있습니다. 단, 자리에 앉아 행사에 참
여하고 싶은 경우에는 바티칸에서 교부하는 티
켓이 필요합니다. 티켓은 바티칸 베드로 대성당 입구 왼편에 서 있는
알록달록한 복장의 스위스 용병에게서 누구나 받을 수 있습니다.
교황이 행진을 하는 동안 경호원들 사이에는 두 명의 사진사가 함께
다닙니다. 이들은 교황의 모든 장면들을 사진에 담는데요. 이들이 찍
은 사진은 당일 바티칸 사진관으로 넘어가고, 오후 3시면 사진을 볼
수 있습니다.
베드로 광장에 들어서기 전, 스위스 용병이 지키고 있는 성 안나의 문

Porta Santa Ann이 있습니다. 스위스 용병에게 사진관에 가기 위해 왔다고 이야기하면 안으로 안내해줄 거예요. 현상된 사진은 당일 오후 4시 이후에 바로 찾을 수 있습니다. 바티칸 사진관에 비치된 PC를 통해 사이즈와 장수를 정하여 주문하면 끝! 이 PC에는 2006년부터 지금까지 교황에 관련한 모든 행사 사진이 저장되어 있답니다.

바티칸 사진관 Servizio Fotografico Vaticano
Via di Porta Angelica(Porta Santa Anna)

월~금 08:00~18:00   수 10:00~18:30
토 08:00~15:00

chapter 08

:

여행을 떠나요

일상을 지탱하는 힘

우리는 4년 반을 같이 살고 결혼했다. 결혼 전에는 어쩌면 이토록 잘 맞는 사람이 있을 수 있을까 싶었다. 그런데 막상 결혼을 하고 보니 잘 맞는 게 아니라, 일방적으로 그가 나에게 맞춰주고 있던 거였다. 사실은 우리가 진짜 안 맞는 사람이라는 것을 알게 되고 일 년이 넘는 시간 동안 꽤 심각하게 위기를 겪었다. 아무래도 결혼을 유지하기는 힘들 것 같았다.

그와 결론을 내기 위해 떠났다. 오로지 둘만 있으면서 이 모든 게 정말 둘의 문제인지 제대로 들여다보기로 했다. 보름 남짓한 여행이었다. 그 시간 동안 하나의 깨달음을 얻었다. 참 안 맞는 우리에게도 딱 하나 완벽한 순간이 있었으니, 그게 여행이었다.

일상에 지쳐 힘들어 하다가도 여행을 떠나면 '우린 너무 행복한 삶을 살고 있네, 감사하자' 하곤 다시 제자리로 돌아올 수 있었다. 그 후 우리는 종종 여행을 떠난다. 둘이, 셋이, 넷이서 함께 하는 여행은 저마다의 의미를 가지고 우리가 몰랐던 이탈리아를 만날 수 있게 했다.

축제보다 나체

로마에서 차로 40분 정도 달리면 만날 수 있는 작은 마을 네미Nemi. 2,000여 명의 사람들이 살고 있는 작은 마을 아래에는 그림 같은 네미 호수가 펼쳐진다. 이 작은 마을에서는 일 년에 한 번, 6월 첫째 주 일요일에 딸기 축제Sagra delle fragole가 열린다. 1922년부터 시작된 이 축제는 올해로 86번째를 맞이했다. 특히 유명한 것은 프라골라Fragola라고 불리는 새끼손가락 마디 하나만 한 작은 딸기다.

축제 소식을 듣고 딸기 덕후 아들에게 제대로 된 딸기 맛을 보여주 겠다며 야심차게 출발했지만, 잊고 있었다. 축제 기간의 여행은 개고 생이라는 것을. 마을에 오르는 도로 초입부터 길가에 불법 주차된 차 들로 장관이었다. 작은 마을이니 당연히 길도 좁고 엄청난 인파에 발 디딜 곳이 없었다. 집돌이 아들은 도착과 동시에 집에 가자고 징징징. 딸은 유모차에서 내리고 싶어서 찡찡찡.

그래도 딸기는 먹어야지 싶어 소복하게 쌓인 작은 딸기 위에 요구 르트 아이스크림과 생크림을 올려 한 숟갈 입에 넣었다. 맛은 있다. 그 것도 엄청. 하나로 아이와 나눠먹을 게 아니라는 생각이 들어 얼른 해 치우고 바로 각자 하나씩 더 사 먹었다. 내친 김에 딸기 맥주도 마시고 딸기 슬러시도 먹었다. 하지만 먹는 즐거움도 잠시, 전통 의상 퍼레이 드가 시작되자 그야말로 난장판이다. 점점 많아지는 사람들에 질려 도망치듯 마을을 빠져나왔다.

우리는 교황님의 여름 별장, 카스텔 간돌포 Castel gandolfo 아래 위치한 알바노 호수로 향했다. 오후 5시, 뜨겁던 태양이 적당히 따뜻해졌다. 호수는 낮 동안 달궈져 딱 알맞은 온도다. 나른한 풍경과 선선한 바람 을 맞으며 어른들은 그저 늘어졌는데, 딸기 축제 내내 지쳐있던 아이 들은 세상 신이 났다.

물놀이는 생각도 못하고 수영복도 챙겨 오지 않았지만 상관없다. 아이들은 알아서 탈의를 하고 알몸으로 물에 뛰어들었다. 그 모습이 더 없이 자유로워 보였다. 시선에 상관없이 실오라기 하나 걸치지 않 은 채로 자연 속에 뛰어들 수 있는 나이는 언제까지일까? 벌거벗은 아

이 둘이 쉼 없이 물에 뛰어드는 모습을 보며 '찬란하다'는 단어가 떠올랐다. 자유롭고, 아름답고, 멋지구나.

해가 산을 넘어가니 빛이 아직 남았는데도 바람이 쌀쌀하다. 집으로 돌아갈 시간이다. 차에 오른 아이가 말했다.

"딸기 축제 매일 오면 좋겠다."

딸기보단 알몸으로 물에 뛰어든 것이 더 축제 같았겠지, 너에겐. 아무렴 어떠랴.

석양을 맞이하는 완벽한 방법

이탈리아로 여행을 오는 많은 사람들은 '로마'하면 바티칸과 유적지를 떠올리고, 바다와 휴양은 남부 지역에서 즐긴다고 생각한다. 하지만 이탈리아는 한국과 마찬가지로 삼면이 바다로 둘러싸여 마음만 먹으면 멀지 않은 곳에서 바다를 만날 수 있다.

오스티아Ostia, 프레제네Fregene, 포메치아Pomezia… 우리에겐 생소하지만 로마 사람들의 주말을 책임지는 로마 근교의 바닷가 마을이다. 그중 프레제네에 해변 클럽이 있다는 이야기를 듣고 언젠가 꼭 가보겠다 마음먹고 있었는데 어느 일요일 오후, 갑자기 떠나게 됐다.

여느 일요일과 마찬가지로 오전 성당 예배를 마치고 집으로 돌아와 낮잠을 청했고 오후 다섯 시가 되서야 잠에서 깼다. 이대로 티브이를 보다 저녁을 먹고 하루를 마무리 할까, 아니면 가까운 곳이라도 나가 바람을 쐬고 올까 고민하다가 남편과 마음이 통했다. 바로 옷을 갈아입고 비몽사몽인 아이들에게 "바다 가자!" 소리 쳤다. 눈을 뜬 아들은 어디론가 뛰어가더니 금세 모래놀이 도구들을 챙겨왔다.

일요일 오후 6시, 우리가 달리는 도로 반대편은 주말 해변을 즐기고 로마로 돌아가는 차량들로 정체 중이었지만 바다를 향해 가는 우리는 막힘없이 달렸다. 40여 분을 달려 해변이 가까워오자 여기가 마이애미인지 미코노스인지 알 수가 없다. 하얀 벽돌의 낮은 담장 너머로 무성하게 솟은 선인장과 구릿빛으로 그을린 청년들이 보였다.

골목길은 빡빡하게 주차된 차들과 여름날 특유의 흥겨움이 묻어나는 사람들로 가득했다. 우리는 새벽 2시까지 5유로라는 주차장에 차를 세웠다. 아직 눈앞에 해변이 펼쳐지지도 않았는데 이미 기분은 하늘을 찌를 듯 설렜다. 해변 클럽으로 들어서는 좁은 골목으로 접어들자 둥둥 가슴을 울리는 음악소리가 가까워졌다.

구름 한 점 없는 하늘로 노을이 내려앉고, 바다와 모래사장, 음악까지 완벽하다. 거기엔 모르는 사람은 절대 모르고 아는 사람은 다 안다는 그들만의 세상이 펼쳐져 있었다. 해변에 앉아 바닷바람을 즐기는 노부부, 뭐가 그리 웃긴지 연신 박장대소하는 무리, 칵테일을 양손에 들고 친구들을 찾아가는 여자, 멋지게 차려입고 앉아 노을을 바라보는 청년들, 화려한 문신을 하고 이유식을 데울 따뜻한 물을 빌려달라던 엄마, 책가방에 싸들고 온 맥주와 파스타를 꺼내 먹으며 오후를 보내고 있던 학생들… 여길 어떻게 알고 왔는지 모르겠다 싶을 정도로 많은 사람들 중 여행객은 하나도 없어 보인다. 정말이지 이탈리아 사람들은 좋은 건 자기들끼리만 안다. 얄밉게! 그래도 모든 세대의 다양한 사람들이 이토록 자연스럽고 조화롭게 어울리는 풍경을 만나게 될 때면 다시 한번 이 나라와 사랑에 빠지고 만다.

아들은 바로 주저앉아 모래성을 쌓기 시작하고 남편은 사진 찍기에 여념이 없다. 그동안에 나는 마실 술을 주문했다. 인파 속에서 주문하느라 늦어진 나를 찾아 아들이 왔다. "엄마!" 하고 외치는 소리를 향해 돌아보자 아들 뒤로 두 청년이 서 있다. 그들은 나와 눈을 마주치더니 안심한 듯 웃었다.

"아이만 있고 부모가 보이지 않아서 우리가 지켜보고 있었어요. 혹시나 걱정이 되서요."

"아! 남편이 저기 보이는 곳에 있어서 아이가 알고 찾아온 건데…. 너무 고마워요."

그들은 아무것도 아니라는 듯 웃으며 칵테일을 받아 자리로 돌아갔다. 술을 마셔도 참 젠틀하다.

그러고 보면 이탈리아에서는 무리하게 술을 마시는 모습을 보기가 힘들다. 오죽하면 이탈리아어 중에 '숙취'라는 단어가 존재하지 않겠는가? 물론 집에서 친구들과 마실 땐 예외지만, 밖에서 술을 마실 땐 대화를 많이 하고 그 순간의 분위기를 즐긴다. 거기에는 술을 마실 때도 멋지고 스타일리시하고 싶다는 허세도 살짝 곁들여 있다. 흐트러지지 않겠다는 굳은 의지랄까. 언제 어디서든 완벽한 셔츠 차림으로 들어서는 이탈리아 남자들을 떠올리면 이런 술자리 문화도 납득이 간다.(전 세계 어느 클럽에서도 이탈리아 남자 찾기는 아주 쉽다. 셔츠 입은 남자를 찾으면 된다)

과하지 않은 술, 그 와중에도 기본을 지키는 패션은 필수다. 심지어 해변에서도 이탈리아 남자들은 어김없이 셔츠를 입고 있다. 모래사장도 막을 수 없는 이들의 셔츠 사랑!

마음에 쏙 드는 DJ의 선곡과 뜨거움이 한풀 꺾인 태양, 칵테일을 받아 자리로 돌아오는 동안 칵테일의 양은 벌써 반으로 줄어 버렸다.

우리 옆자리의 모녀는 이안이와 이도에게 반했는지 눈을 떼지 못하고 우리는 자리에 앉아 그저 좋다는 말만 백 번을 되뇐다. 해가 수평선과 만나자 흥겹던 노래가 멈추고 Arisa의 〈La Notte〉가 흘러나온다.

———

La vita può allontanarci l'amore continuerà
L'amore può allontanarci la vita poi continuerà

삶이 우리에게서 멀어질 순 있어도 사랑은 계속되리라
사랑이 우리에게서 멀어질 순 있어도 삶은 계속되리라

———

노래가 흐르는 사이 해가 넘어간다. 이 순간을 만나기 위해 손꼽아 여름을 기다렸나 보다. 모든 사람의 시선이 바다로 향하고 이안이는 아빠 어깨에 올라탔다. 한 커플은 느릿느릿 춤을 추기 시작한다. 태양이 완전히 바다로 내려앉자 징이 울려 퍼지고 모두가 약속이나 한 듯

박수를 쳤다. 아이가 말했다.

"아빠, 달이 사라졌어! 집에 갈 시간이야. 너무 좋은데 우리 또 오자."

"그래, 또 오자. 우리 자주 오자."

태양이 완전히 가라앉자 촛불이 켜지고 완벽한 셔츠의 남자들과 한껏 꾸민 여자들이 해변에 남는다. 밤의 해변은 연인을 찾는 이들에게 맡기고 우린 집으로 돌아갈 시간이다. 우리는 좀처럼 가시지 않는 여운을 안고 주차장으로 향했다. 그래도 괜찮다. 뜨거운 여름밤은 셀 수도 없이 많이 남았으니까.

여기가 몽골인지 이탈리아인지

처음 그 산을 만난 날, 나는 완전히 매료되었다. 숲을 찾기 힘든 산이었다. 마치 거대한 물줄기가 휩쓸고 간 듯 쓸쓸한 바위만 남아 있었다. 식물은 낯설었고, 뛰어다니는 벌레는 우주 어딘가 이름 모를 행성에서 나타난 것 같았다.

그 산은 여름에는 시원하고 겨울에는 따뜻하다. 11월부터 4월까지 눈이 쌓여 있지만, 장갑을 끼지 않아도 손이 시린 줄 몰랐다. 고요하고 고독한 풍경이었다. 무채색의 척박한 그 곳에선 언제나 이해할 수 없을 만큼 마음이 편했다. 이 산을 사람들은 그란 사소Gran sasso 라 불렀다. 거대한 바위라는 뜻이다.

가을에서 겨울로 넘어가던 어느 날, 그날도 그 산이 그리웠다. 산을 오르기엔 조금 늦은 시간이었지만 남편을 졸라 좀 더 높은 곳까지 올라가 보기로 했다. 내비게이션에 황제의 봉우리Campo imperatore 라고 적었다. 산 입구에는 꽤 많은 관광객들이 있었는데 조금 더 오르자 바위 사이의 도로에는 우리뿐이었다. 낭떠러지 아래 협곡에는 마치 아주 오래전 휩쓸고 간 물이 고인 듯한 웅덩이가 드문드문 보였다.

한 무리의 말을 지나 조금 더 오르자 평원이 나타났다. 올라오는 내내 사람이 보이지 않더니 여기 다 모여 있었나 보다. 사람들 무리 속에서 한 소녀가 말을 타고 있었고, 말에서 내린 소녀는 푸른 하늘 아래 이름 모를 밴드가 연주하는 음악에 맞춰 할아버지와 춤을 췄다. 당최 여기가 몽골인지 이탈리아인지 알 수 없는 풍경이었다. 로마에서 겨우 한 시간 반을 벗어났을 뿐인데, 이처럼 말도 안 되는 풍경을 만나게 되다니!

아무것도 없을 줄 알았던 산 속에서 우리가 만난 것은 뜬금없는 양꼬치였다. 작은 오두막이 정육점이고, 그 옆으로 꼬치를 굽는 숯불이 끝없이 이어져 있다. 그란 사소가 위치한 아브루초Abruzzo는 양꼬치가 유명하다. 아무리 그렇다 해도 여기서까지 양꼬치를 팔고 있을 줄이야! 삼겹살과 청량고추가 끼워진 간, 양꼬치, 살시체를 양껏 주문해 바람을 타고 흐르는 밴드의 노래를 들으며 숯불에 구웠다.

어디에서나 현지화가 가능한 우리 집 아이들은 마치 정육점 손주들처럼 자연스럽게 어우러졌다. 밴드가 공연을 접자 해가 지기 시작했다. 저 멀리 산봉우리에 어느새 구름이 내려앉았다.

기막히는 풍경과 그 속에서 뛰노는 아이들을 바라보며, 삼겹살 한 점을 입에 넣고 곧장 맥주를 들이켰다. 이게 바로 신선놀음이구나 싶어 옆에 앉은 할아버지에게 말을 건네려는데, 이탈리아어로 어찌 표현해야 할지 도무지 떠오르지 않았다. 그때 곁으로 다가온 딸아이의 얼굴이 온통 숯검정이다. 웃음이 났다. 옆자리 할아버지도 아이를 보고 웃고 있었다. 감정은 굳이 통역하지 않아도 된다. 아이들도, 아이들을 바라보는 어른들도 모두 같은 마음이었다.

어서와, 스키장은 처음이지?

이안이는 요즘 뽀로로에 빠져있다. 뽀로로 때문일까, 아이는 부쩍 눈 이야기를 많이 한다. 눈은 보송보송하고 푹신하며 부드럽고 먹을 수도 있단다. 잠들기 전 아이는 착한 티라노와 눈사람을 만드는 꿈을 꾸고 싶다고 했다.

로마는 거의 눈이 오지 않기 때문에 여기서 태어나고 자란 이안이는 제대로 된 눈을 본 적이 없다. 물론 눈사람을 만들어 본 적도 없었다.

크리스마스와 새해를 끼고 2주간은 이탈리아의 연휴 기간이다. 마침 부모님 산장에서 연휴를 보내고 있던 친구에게 연락이 왔다. 이안이와 동갑인 아들이 스키 강습을 받을 계획인데 함께하자고 제안했다.

새벽부터 일어나 분주히 준비를 하고 로마 근교의 산악지역인 캄포 펠리체Campo felice로 향했다. 스키장으로도 유명한 캄포 펠리체는 4월까지 눈이 쌓여 있다. 로마에서 겨우 한 시간을 달려왔는데 눈의 왕국이 나타났다. 인적 하나 없는 새하얀 세상이다. 사람들은 알까? 거대 유적과 성당을 벗어나면 이런 세상이 존재한다는 것을.

친구들과 약속시간은 9시 반인데 도착하니 8시다. 눈길에 지레 겁을 먹고 너무 서둘렀나 보다. 10년 넘게 로마에 살았어도 스키장은 처음이라 어른들이 더 신났다. 눈을 처음 만난 아이보다 15년 만에 스키장에 온 남편의 눈이 더 반짝인다.

친구가 미리 예약해준 스키를 빌려 안으로 들어서니, 흐렸던 하늘이 순식간에 맑아졌다. 이른 시간인데도 스키장은 이미 스키를 타는 사람들로 붐볐다. 이안이 또래 정도로 보이는 아이들이 능숙하게 스키를 타는 모습이 놀랍다. 곳곳에서 이루어지는 아이들의 스키 수업은 무척 유쾌했다. 해가 뜨자 한쪽엔 햇볕을 즐기려 태양을 향해 앉은 무리가 형성됐다. 여름의 해변과 크게 다르지 않은 풍경이다.

아이의 스키 강습에는 너무나 아름다운 금발의 선생님이 오셨다. 약속시간보다 늦어 한마디 하려 했는데 뭐라 할 틈도 없이 아들이 함박웃음을 지으며 말한다.

"Sei la mia amica speciale (당신은 저의 특별한 친구예요)."

세상에! 딱 두 명에게만 친구라고 불러주는 아이가 언제 봤다고 친구란다. 미소가 떠나지 않는 아이를 보더니 친구가 "이탈리아에선 테니스랑 스키 선생님은 다 미인이야"라고 한다. 왜인지 모르지만 참 이탈리아스럽다.

아이들은 수업 시작과 동시에 바로 리프트에 올랐다. 태어나 처음 눈을 밟아본 아이를 바로 리프트에 태워도 되는 건가 싶었지만 생각

해 보면 한국에서 처음 수영을 배울 때 첫 달은 발차기만 했었는데, 이탈리아는 첫 수업부터 바로 다이빙을 시킨다. 일단 물속에 들어간 뒤에 물에서 나아가기 위해 어떻게 발차기를 해야 하는지 스스로 깨닫는다. 스키도 비슷한 느낌이다.

40분 정도 지나 아이가 선생님과 함께 내려오는 모습이 보였다. 날 보자마자 너무나 즐거웠다고 잔뜩 상기된 표정으로 말한다.

여름엔 바다에 뛰어들고, 겨울엔 눈 산에서 미끄러져 내려오는 삶. 자연과 계절이 주는 선물을 온전히 누리는 삶. 풍요로운 삶이란 이런 게 아닐까.

그날 오후, 아이들은 친구네 부모님 산장의 작은 정원에서 시간 가는 줄 모르고 눈사람을 만들었다. 벽난로가 있는 산 속의 할아버지 집. 동화 속 이야기 같은 추억이 매 계절 아이에게 쌓인다.

우리는 멀찍이 앉아서 저 멀리 언덕에서 썰매를 타는 가족들을 본다. 어쩐지 썰매를 끌고 있는 아버지 역시 오래 전 그의 아버지가 끄는 썰매를 타며 언덕을 내려왔을 것 같다. 그리고 저 아이도 훗날 이곳에서 자신의 아이와 썰매를 탈 것만 같다.

겨우 오후 5시가 조금 넘었을 뿐인데 칠흑 같은 어둠이 내렸다. 집으로 돌아오는 길, 눈 덮인 풍경이 분명 눈앞에 펼쳐져 있는데도 아득해 보인다. 창문을 열어 바람을 맞으며 하염없이 먹먹한 풍경을 바라본다. 고개를 넘는데 남편이 성호를 긋는다. 나도 기도를 한다. 갈수록 일상은 소중해지고 우린 더 마음을 다해 기도한다. 그와 나의 기도 내용은 아마 같거나 비슷하리라.

가족이 함께 떠나는
로마 근교 여행지

현지인들의 낭만 해변 클럽,
신지타
Singita miracle beach

로마 근교의 바닷가 마을 프레제네에 위치한 해변 클럽으로, 로마에
서 차로 50분 정도 소요됩니다. 해변에서 디제이의 노래를 들으며 여
유로운 시간을 보낼 수 있는 보석 같은 곳이죠. 현지인들에게 인기가
많고 낮보다 밤에 더 빛나는 곳입니다. 특히 석양이 질 때 해변에 모
인 사람들이 바다를 바라보며 박수를 칩니다. 저녁 7시면 아페리티보
Aperitivo 타임이 시작되는데요, 술 한 잔에 사이드 요리가 무료입니다.
사이드 요리라고 하면 간단한 안주를 떠올리겠지만 파스타부터 피자
까지 저녁 대용으로 딱이니, 꼭 이용해 보시기를 바랍니다.

네로황제의 여름 별장,
안치오
Anzio

로마에서 차로 한 시간, 기차로도 이동 가능한 바닷가 마을입니다. 네로황제의 여름 별장 유적지로 유명한데요. 이탈리아에 온 첫해, 이곳의 해변 풍경은 가히 충격적이었습니다. 해변에 유적지가 펼쳐져 있고, 사람들이 그 유적에 누워 선탠을 하고 있었죠. 콜로세움보다도 더 강력하게 '여기가 이탈리아구나!'를 실감한 순간이었습니다. 여름이면 이른 아침 안치오로 향합니다. 해변 바에서 카푸치노와 꼬르네또로 아침을 먹고 모래 위에 앉아 시간을 보냅니다. 수심이 얕아서 아이들에게도 안성맞춤이랍니다.

로마 근교 자연 온천,
산시스토 온천
Le Masse di San Sisto

산시스토 온천을 검색하면 가장 먼저 이런 소개 문구가 나옵니다.
'아이들에게 강력 추천Sono consigliatissimo per i bambini'

기원전 3세기 에트루리아인들이 사용했던 이 온천은 38도의 온수와 18도의 냉수가 만나 완벽한 온도를 만들어 냅니다. 세월을 가늠할 수 없는 석회가 만든 매력적인 자연 온천이죠. 심지어 피부질환에도 좋습니다. 지속적인 수질 관리를 위해 유료로 운영되며, 처음 이용할 때만 10유로를 받고 이후로는 25유로에 1년 이용권을 끊어 1년 내내 24시간 사용 가능합니다. 이탈리아의 자연온천들이 대부분 자연 속에 방치되어 있는 반면, 이곳은 관리가 되고 있어 깨끗하며 탈의실도 따로 있습니다. 온수와 냉수가 만나는 곳에 얕은 아이들용 풀도 있고요. 유적에 물이 고여 만들어진 천연 지하수 냉탕은 '신의 서비스'라고 봐도 좋습니다. 시원한 오전에 몸을 담그고 오후에는 온천 옆 올리브밭에서 낮잠을 청하는 것도 산시스토 온천을 즐기는 하나의 방법입니다. 단, 근처에 마땅한 식당이 없으니 먹거리를 따로 준비해야 합니다.

늦은 오후의 여유 즐기기, 알바노 호수
Lago Albano

로마 근교에는 호수가 많습니다. 그중 가장 유명한 곳이 교황의 여름 별장 아래 위치한 알바노 호수입니다. 로마에서 차로 40분 정도 달리면 이 호수를 만날 수 있습니다. 저녁 먹기 전까지 늦은 오후의 여유를 즐기기엔 딱이죠. 호숫가의 작은 바에서 파니니와 감자튀김으로 저녁을 때우는 것도 좋지만, 제대로 한 끼를 해결하고 싶다면 알바노 호수에서 차로 15분 정도 거리에 있는 아리챠Ariccia에 가볼 것을 추천합니다. 아리챠는 작은 중세마을로 통돼지구이가 유명합니다. 해질녘에 사랑하는 사람들과 마주 앉아 통돼지구이를 먹다 보면 이탈리아의 여름밤이란 이런 맛이구나, 느낄 수 있을 겁니다. 아이들과의 물놀이 후 체력이 남아 있다면 말이죠.

자연이 만들어낸 풍경,
그란 사소
Gran sasso

그란 사소는 거대한 바위라는 뜻입니다. 11월부터 4월까지 눈이 쌓여 있어 겨울 스포츠로 유명한 곳이지만 한여름에도 시원해 여름에 더 많이 찾습니다. 산을 오르면 숲이 아닌 구릉지를 만나게 되는데요. 들판에서 아이들에게 조랑말을 태워주고 산 속에서 고기를 구워먹는 재미가 쏠쏠합니다. 그란 사소가 위치한 아브루초 지역이 양꼬치로 유명해 산 곳곳에서 양꼬치를 팝니다. 양꼬치는 이탈리아어로 아로스티치니Arrosticini라고 부른답니다. 숯 사용은 무료니, 미리 집에서 고기를 싸오거나 여기서 양꼬치를 사서 구워 먹으면 됩니다.

PART 2

이안, 이도
그리고 이탈리아

:
동쪽에서 왔습니다

동방박사의 등장

동방박사 東方博士, Re Magi, Wise men of the East
예수님의 탄생을 축하하기 위해 팔레스타인 동쪽에서부터 온 이방
출신의 현인

성경에서 동방박사는 예수 그리스도를 믿은 최초의 이방인으로 등
장한다. 문이 열리고 별을 따라 동방박사들이 걸어 들어온다. 하얀 옷
을 입은 천사들이 그 뒤를 따른다. 행렬의 가장 앞에서 반짝이는 초록
색 왕관을 쓴 동방박사가 사람들의 환호와 박수 소리에 환하게 웃음
짓는다. 이안이다.

2016년 유치원 성탄공연에서 이안이는 동방박사가 되었다. 몇 번
이나 아이에게 역할을 물어보았지만 설명은 해주는데 이해하기가 힘
들었다. 어느 날은 왕자님이랬다가 아니라고 했다가 왕이라고 했다가,
아마 아이도 자신이 무슨 역할인지 제대로 이해를 못한 듯했다.

공연을 앞두고 선생님이 공연 의상을 공지해주면서야 아이가 동방
박사 역할을 맡았다는 것을 알게 되었다. 동쪽에서 온 아이가 동방박
사가 되다니! 당시 둘째 출산이 임박해 있었는데 심지어 예정일이 크
리스마스였다. 안 그래도 감정기복이 심한 임산부에게 이 모든 것은
운명처럼 다가왔다.

:

이방의 동양 아이

이탈리아에서 우리는 외국인이다. 이안이는 누가 봐도 이곳 사람들과 다르게 생긴 동양인이다. 아이가 자라면서 우리는 지금껏 겪어보지 못했던 환경들을 마주하게 된다. 우리가 다르다는 것. 이 작은 아이는 다름을 어떻게 받아들이고, 어떻게 받아들여질까?

이탈리아 사람과 결혼해 이탈리아 남부에서 살고 있는 한국인 친구가 고민을 전해 왔다. 집에서 놀던 두 아이가 눈을 길게 찢는 흉내를 내며 "자포네제Giapponese(일본인)~"하면서 장난을 치고 있었다고 한다. 눈을 길게 찢는 흉내를 내며 "오끼 아 만도를라Occhi a mandorla"라고 하면 '아몬드 눈매'라는 뜻으로 동양인을 흉내 낼 때 하는 제스처다. 누가 그러냐고 물었더니 학교에서 애들이 그렇게 했다고 한다.

"우리 애들 놀림 당하는 거 맞지요?"

친구들이 놀리는 줄도 모르고 재미로 따라하는 것 같다며 이런 상황에 어떻게 대처해야 할지 모르겠다고 하소연했다. 친구네 아이들

은 혼혈이라 우리 눈에는 이탈리아 사람들과 똑같이 생긴 것 같은데 이곳 사람들 눈에는 100% 한국인인 이안이도, 혼혈인 아이들도 모두 동양인으로 보이나 보다. 초등학교 시절 남들과 조금만 달라도 놀리고 놀림 받던 기억을 떠올려 보면 아이들의 순수한 잔인함을 어찌 할까 싶다. 단, 이 모든 것은 당사자인 아이들이 어떻게 받아 들이냐의 문제겠지.

무대 위 유일한 동양 아이, 초록 왕관의 동방박사는 무대 위에서 가장 눈에 띄었다. 그것이 어떠한 이유 때문인지는 중요하지 않다. 주목받는 것을 좋아하고 즐기는 아이는 마냥 신이 났다. 그래서 역할에 집중하지 못하고 몇 번이나 무대에 멈춰 서서 시선을 즐겼다. 그때마다 객석은 한바탕 웃음바다가 되었고 선생님은 당황하며 아이를 자리로 돌려보냈다. 무대는 막을 내렸지만 사람들은 작은 동방박사에게 고개 숙여 멋졌다고 말해주었다.

앞으로 아이가 자라면서 언어와 문화, 인종, 인간관계 등 더 많은 상황에 부딪치게 될 것이다. 살아가며 당연히 겪는 일임에도 외국에서 자란다는 이유로 엄마는 언제나 전전긍긍이다. 결국은 아이가 스스로 헤쳐 나가야 한다는 것을 알면서도 매 순간 정답이 없는 고민들이 끊이지 않는다.

크리스마스의 기적

12월 25일 새벽 2시, 크리스마스 자정미사를 마치고 새벽이 되어서야 집으로 향했다. 이틀 전, 가진통으로 산부인과를 찾았으나 영 진전이 없어 다시 집으로 귀가했다. 몸 상태는 더 없이 편안하여 결국 내년에 나오려나 보다고 굳게 믿고 있었다. 비록 예정일이 크리스마스라 할지라도 설마, 정말 크리스마스에 나올 리가….

늦은 새벽 집에 도착해 곯아떨어진 아들을 눕히고 우리도 잠에 들려고 하는 순간, 배 속에서 고무줄이 끊어지는 듯한 느낌이 들었다. 그리고 몇 초 후 다리 사이로 뜨끈한 물이 흘러 내렸다. 양수가 터졌다. 남편은 비몽사몽인 아들을 들쳐 업고 난 출산 가방을 챙겼다.

새벽 3시, 신호도 속도도 다 무시하고 차를 몰아 병원으로 향했다. 크리스마스 새벽 로마의 도로 위를 달리는 차는 우리뿐이었다. 응급실에 도착하니 우려했던 대로 응급실 접수처에는 아무도 보이지 않았다. 몇 번을 호출한 뒤에야 천천히 나온 직원은 너무나 느긋하게 접수를 해주었고 겨우 병실에 올라가 검사를 하는 동안 남편은 아들을 가까운 지인의 집에 맡기고 돌아왔다.

첫째를 낳을 때 진행속도가 너무 빨라 무통주사를 맞지 못한 터라, 둘째 때는 기필코 맞겠다는 굳은 의지로 계속 무통주사를 놓아달라고 요구했다. 이번엔 제 타이밍에 무통주사를 맞을 수 있겠다는 희망에 부풀어 있는데, 등에 주사바늘을 꽂는 동안 순식간에 아이가 나오기 시작했다. 이렇게 둘째도 무통 천국을 느껴보지 못한 채, 분만실에 들어선지 20분 만에 낳아버렸다.

아이를 낳고 지쳐 쓰러져 있는 와중에 루돌프와 산타 머리띠를 한 의사와 간호사가 분만실로 들어와 서로 축하인사를 하느라 정신이 없다. 크리스마스 아침이었다.

세상을 이롭게 할 행복으로 가득 찬

임신 사실을 처음 알았을 때부터 우린 둘째의 이름을 '이도'로 정했다. 첫째는 남편과 함께 인상 깊게 보았던 〈라이프 오브 파이Life of Pi〉의 이안 감독 이름에서 따왔고, 둘째는 세종대왕의 이름을 따르기로 했다.

세종대왕과 같은 한자를 쓰려 검색해 보니 놀랍게도 '도祹'는 행복이라는 의미였다. 첫째는 세상을 이롭게 보는 눈을 가진 아이가 되라는 뜻으로 '이안', 둘째는 세상을 이롭게 할 행복으로 가득 찬 아이가 되기를 바라는 마음으로 '이도'가 되었다.

이렇게 한여름에 태어난 아이와 한겨울에 태어난 아이가 더해져

우리 가족은 넷이 되었다. 넷이서 처음 맞이한 새해. 동생을 보는 순간 많이 놀라고 많이 설레며 많이 조심스럽던, 사랑 가득한 오빠의 시선을 잊을 수가 없다. "우리 집에 같이 갈거지?"라고 묻던 작은 속삭임까지. 퇴원 후 집에 아기와 함께 돌아가자 돌변해서 질투의 화신이 되어버렸지만 말이다.

퇴원을 하던 날, 첫째가 태어났을 때 사진을 찾아보다가 3년 반 전 아들을 낳을 때에도 지금과 같은 병실, 같은 침대에 누워 있었다는 사실을 깨달았다. 참, 이다지도 변함이 없는 이탈리아라니! 일주일 후

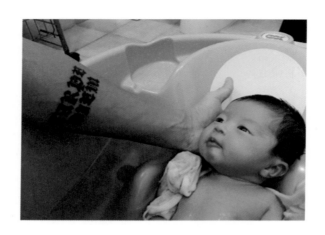

이도는 탯줄이 떨어졌고 아빠와 오빠의 조심스러운 손길로 첫 목욕
을 했다.

매 순간 사람들이 있었다

이도가 태어난 지 3주가 된 일요일 늦은 오후, 초인종 소리에 문을
열었다. 문 앞에 8층에 사는 아저씨가 수줍게 서 있었다. 그리고 더 수
줍게 작은 쇼핑백 하나를 내밀었다.

"줄리아 알지? 새로 태어난 아이를 위해 와이프가 준비했어. 그리
고 이건 아들 거야."

쇼핑백 안에는 신생아 옷과 이안이를 위한 초콜릿이 함께 들어 있
었다. 아파트에서 오가며 인사하는 정도의 사이인데 이렇게 마음을

써주다니, 고마움에 마음이 따뜻해져 왔다. 며칠 뒤엔 프랑크푸르트에서 소포가 하나 도착했다. 남편과 함께 투어를 했던 손님이 둘째 소식을 듣고 선물을 보내온 것이다.

이도를 낳고 매일 집으로 손님들이 왔다. 동생이 작고 어리다는 것은 알지만 알 수 없는 상실감과 불안감에 하루에도 수십 번 감정기복이 있던 아들은 매일 찾아온 이모, 삼촌들 덕분에 맘껏 어리광부리며 놀았다. 매 끼니마다 미역국과 반찬을 챙겨주신 대모님, 고생했다고 한 가득 꽃을 안겨주던 회사 선배, 크리스마스 연휴 전 반찬이 걱정된다며 백김치를 만들어준 언니, 매일 입혀도 남을 만큼 아이 옷을 챙겨준 성당 지인들, 로마에서 구할 길 없는 귀한 미역을 챙겨준 동료 가이드 부부, 축하한다는 인사를 건네는 동네 사람들….

타국에서 온전히 남편과 나 둘이서 산다. 두 번의 출산 후 산후조리도 남편이 했다. 바쁜 남편 몫까지 두 아이를 데리고 다니느라 주변에선 세상 씩씩한 엄마로 통하지만, 지난 시간을 돌아보면 이탈리아에서 우리의 삶은 결코 둘만으로는 나아갈 수 없었음을 깨닫는다. 매 순간 우리 곁에 사람들이 있었다.

첫 아이를 임신했을 때, 이탈리아어가 서툴러 병원 검진 날이 다가올 때마다 막막하고 두려웠다. 첫째를 낳기 전까지 모든 검진에 친구가 동행해 통역을 해주었다. 아이를 낳은 뒤 매일 미역국을 끓여주고 찬거리를 냉장고에 채워주던 사람들, 집 계약에 문제가 생겨 밤을 지새우던 날 위해 사방팔방으로 뛰어준 이들이 없었다면 해외에서 아이 둘을 낳고 키운다는 생각을 감히 할 수 없었을 것이다. 어려운 순간들이 많았지만 그럼에도 불구하고 여전히 로마를 좋아하며 살 수 있는 것은 사람들 덕분이다. 항상 느끼고는 있었지만 우리가 얼마나 많은 이들의 도움과 사랑을 받으며 살아가고 있는지 다시금 깨달았다. 그로 인해 우리가 이곳에서 살아 갈 수 있음을.

로마에서 아이를 키운다는 것

한 달이 되었다. 첫째 때보다 회복이 훨씬 빨라 친구들과 외식도 할 겸 로마 근교 바닷가로 향했다.(사람은 누구나 잘하는 게 한 가지씩 있다는데 난 출산인가 보다) 기록적인 추위가 온 겨울이었지만 우리가 바다로 향할 것을 알았는지 마치 봄이 온 듯 따뜻했다.

한국에서 들으면 생후 한 달 만에 바다라니 깜짝 놀라겠지만 이탈리아에선 아이들의 폐를 강하게 하는 데 바닷바람이 그렇게 좋다고 한다. 엄마가 외출하고 싶어 안달이 난 마음을 아이의 폐 건강을 위해서라 포장해 본다. 식사를 마치고 바닷가를 거니는데 한 남자아이가 맨발로 춤을 추고 있었다.

아이는 이도를 보고 다가왔다.

"아름다워요."

귀엽다가 아니라 아름답다니.

"이 아이는 크리스마스에 태어났어."

다시 한번 아이의 얼굴을 들여다보고 나에게 말했다.

"그래요, 진정 크리스마스의 선물이네요."

이탈리아 남자는 애도 어른도 어쩜 이렇게 말을 예쁘고 로맨틱하게 하는지 모르겠다.

"그런데 왜 맨발이야?"

"해변이잖아요."

소년은 너무나 당연하다는 듯 대답했다. 매번 잊고 만다. 해변에서는 맨발이 당연하고 학생은 오후 세 시면 바다에서 춤을 추어도 된다는 것을. 문득 우리 아이들이 해변에서 맨발로 춤을 추는 자유로운 사람으로 자란다는 것과 그 모습을 바라볼 수 있다는 것, 그것만으로도 로마에서 아이를 키우는 일은 무척 즐겁고 행복한 일이겠다고 생각했다.

chapter 10

:

나도 엄마는 처음이라

아토피의 시작

아이는 유독 기저귀 발진이 잦았다. 유제품에도 예민해 우유를 마시고 수유를 하면 혈변을 누기 일쑤였다. 이유식을 시작하고 하루걸러 한 번씩 두드러기가 올라왔다. 서서히 아이에게 주는 음식의 폭이 줄어들었다. 아이의 식단은 몸에 좋은 음식이 아니라 문제를 일으키지 않는 재료들로 채워졌다.

어린이집을 보내며 걱정이 많았는데 별일은 없었다. 이유식 때 주지 않아서인지 우유와 달걀은 선호하지 않아 굳이 제한할 필요도 없었다. 어쩌다 먹어도 별 문제없었고, 예민했던 건 돌 전이라 그랬구나 생각했다. 하지만 겨울이 오면 어김없이 피부는 예민해지고 발진이 올라왔다. 그러다 여름이 오면 언제 그랬냐는 듯 사라져 버렸다.

심각하게 생각하기 시작한 것은 재작년 겨울부터다. 이전보다 좀 더 강하게 발진이 올라왔다. 아기 때부터 발진이 올라오면 멋모르고 로션에 스테로이드 연고를 섞어 발랐다. 내성이 생긴 건지 전혀 효과가 없었다. 아토피를 앓는 아이의 부모가 다 그러하듯 안 써본 로션이 없다. 여기서 구하기 힘들면 이 나라 저 나라 회사 동료들에게 부탁해 공수했다. 소용없었다. 연고는 그때뿐이었다. 재발했을 땐 전보다 더 심해졌다. 결국 노 로션을 시작했다. 로션도 연고도 답이 아니라면, 궁극적으로 재발을 막지 못한다면 아이 스스로 이겨내도록 지켜봐 줘야겠다고 생각했다. 우선 로션과 연고를 끊고 알로에 젤만 발라주기 시작했다.

겨울이 지나고 여름이 오자 아이의 피부는 더없이 깨끗해졌다. 이

전에 없던 부들부들한 느낌까지 있었다. 완벽한 해결책을 찾았다고 생각했다. 내친김에 물 두려움을 극복한 아이의 수영 수업도 다시 시작했다. 수영을 시작한 뒤 아이는 종종 감기에 걸렸다. 아토피는 뭐랄까, 몸의 균형에 균열이 생기길 기다리고 있는 것 같다. 그 순간이 오면 '이때다!'하고 걷잡을 수 없이 온몸에 퍼져버린다. 그때부터 일상은 완전히 달라진다. 매일 아침은 아이의 피부가 좋아졌느냐 나빠졌느냐로 판가름된다.

좋아져도 남들에겐 그냥 아토피가 심한 아이일 뿐이지만, 엄마는 희망을 가지고 행복해하고 다음 날 어김없이 무너진다. 아침에 일어나면 이불이며 손톱 끝이며 피가 덕지덕지 붙어있다. 피가 나고 진물이 흐르는데도 무아지경으로 자신의 몸을 긁고 있는 아이를 보면 이성을 잃고 소리를 지르게 된다. 아이에 대한 걱정에서 시작되었음에도 결국 아이에게 화를 쏟아내는 상황. 결국은 100일부터 수면교육을 시작해 혼자 자던 아이 곁에 누워 자기 시작했다. 밤새 긁는 아이의 두 팔을 부여잡고 대신 긁어도 주고 밤새 온몸을 주무른다. 수시로 핸드폰 전등을 켜서 아이 몸을 확인하고 울고, 울고, 또 운다. 그렇게 몇 달을 긁는 소리를 들으며, 자는 것도 깨어있는 것도 아닌 밤이 계속되면 어느 날은 아이를 외면하고 귀를 틀어막고 잠을 청하기도 한다.

하루는 극도로 예민해져 아이 등짝을 후려치고 소리를 지르고 말았다. "평생 그렇게 긁고 싶어? 계속 그렇게 빨간 몸으로 살 거야? 네가 긁어서 그런 거잖아!" 아이가 울면서 소릴 지른다. "왜 난 계속 간지러워야 해?"

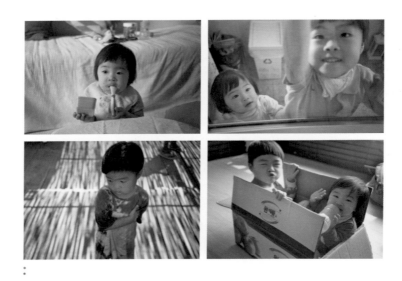

:

엄마라는 역할

최악은 지난 3월이었다. 한국에 휴가를 갔고 미세먼지는 최악 중
최악이었다. 미미하던 둘째의 아토피가 온몸에 퍼졌고, 첫째는 더 이
상 긁지 말라고 소리칠 수도 없을 만큼 악화됐다. 그런 아이들을 처음
본 어른들은 안쓰러워 어쩔 줄을 모르고 난 죄인이 되어버렸다. 옷을
갈아입히다 혹여나 아이가 옷을 벗은 채 거실에 나가면 황급히 아이
를 안고 방으로 들였다.

만나는 사람마다 왜 그러냐 묻고, 아토피에 좋다는 전국의 물, 약,
병원 등을 조언해줬다. 한 달 내내 온천을 몇 군델 다녔는지 모르겠다.
한의원에 갔더니 음식 조절을 하래서 한국 휴가 동안 나물 나오는 식
당만 찾아다녔다.

한국에서의 휴가가 끝나고 로마로 돌아왔다. 아이는 매일 목에 가제수건을 두르고 유치원으로 향했다. 긁지 않게 하기 위해서가 아니었다. 피투성이인 목을 감추기 위해서였다. 누가 뭐라고 하는 것도 아닌데, 아이 역시 집에서도 밖에서도 자꾸만 자신의 살을 감췄다. 유치원에선 아이가 너무 긁는다고 전화가 오고, 한글학교에선 애들 간식을 다 뺏어 먹는다고 전화가 왔다. 음식 조절한답시고 군것질을 끊었더니 엄마 없을 때 먹어둬야겠다 싶었나 보다. 난 아이의 사소한 잘못에도 예민하게 반응했다. 감정을 걷잡을 수 없었다. 이안이의 아토피가 심한 것도 있었지만 한국에서 뒤집어진 이도의 아토피가 계속 더 심해졌다. 아이 둘의 아토피는 견딜 자신이 없었다. 누군가 그랬다. 첫째가 아토피가 있는데 둘째를 낳다니 용기 있다고.

이도는 돌 전까지 피부에 전혀 트러블이 없던 아이였다. 이도는 아토피가 없는 아이라고 생각했다. 첫째의 피부가 최악이 되고 둘째도 시작되니 이성을 잃고 말았다. 이도에 대한 스트레스는 이안이에게 풀었다. 아이는 아이 나름대로 한국에서 돌아와 다시 이탈리아 유치원에 적응하며 스트레스를 받고 있던 터라 집에 오면 동생을 괴롭혔다. 내가 소리 지르면 아이는 울며 소리쳤다.

"엄마 미워! 왜 그렇게 나쁘게 말하는 거야! 이제 뽀뽀 안 해줄 거야! 친구도 안 해줄 거야!"

아토피는 아이의 잘못이 아닌데, 가장 힘든 건 아이일 텐데, 난 자꾸만 아이에게 소리를 지르고 모진 소릴 하고만다.

문득 엄마라는 것이 너무 무겁다는 생각이 들었다. 임신 때부터 지금까지 아이를 위해 했던 모든 것들이 다 아이의 피부를 망친 것만 같았다. 나의 결정과 행동이 고스란히 아이에게 드러난다는 것이 너무 두렵고, 무거웠다. '엄마의 칭찬이 아이의 미래를 결정한다' 같은 글만 봐도 욕지거리가 나왔다. 젠장! 성격 타고나는 거지! 피부고, 미래고, 성격이고, 지능이고, 뭐가 죄다 엄마 탓이래! 어쩌라고! 우리가 뭐 그렇게 대단하다고!

그래서 내가 왔지

하루는 아이가 너무 심하게 반항하고 떼를 썼다. 또 소리를 지르려다 아이가 짠해져 마음을 추슬렀다. 아이를 씻기면서 나의 엄마 이야기를 했다. 엄마의 엄마는 이젠 자고 있어서 예전에 짜증내고 나쁜 말을 했던 것들에 미안하다고 말할 수 없어 너무 슬프다는 이야기. 뭔가 느끼겠거니 했는데 가만히 듣고 있던 아이가 말했다.

"그래서 내가 왔지. 도와주려고."

"응?"

"엄마가 슬퍼해서 내가 슬퍼하지 말라고 엄마의 엄마를 대신해서 도와주러 왔다고. 그리고 나중에 엄마도 엄마의 엄마를 만나서 미안하다고 말할 수 있을 거야."

예상치 못한 대답에 멍하니 아이를 바라보았다. 정말 이안이가 나의 엄마를 대신해 왔다면, 아이의 모든 것을 사랑으로 받아주는 것이 내가 엄마에게 하지 못한 사과를 하는 방법이라는 생각이 들었다. 끓어오르던 마음이 잔잔해졌다.

마지막 대화

엄마와 나눈 마지막 대화를 생생하게 기억한다. 2006년의 어느 날, 아르바이트를 마치고 엄마를 만나 집으로 가던 길이었다. 평소와 똑같은 날이었는데 엄마가 뜬금없이 왜 그런 말을 했는지 알 수는 없다.

"난 네가 나중에 지금을 돌아봤을 때, '그때 참 힘들었었지'라고 말하게 되면 좋겠다."

당시 일상은 불행했다. IMF 이후 모든 것이 무너졌다. 부모님 모두 신용불량자가 되었고, 평생 집안일 밖에 모르던 엄마는 생활전선에 뛰어들어야 했다. 난 하루도 쉼 없이 아르바이트를 했다. 가난은 감정의 여유를 빼앗고 여백 없는 삶은 사람을 피폐하게 만든다. 당시 난 항상 날이 서 있었고 엄마는 그런 나에게 언제나 미안해했다.

매일이 지치고 막막한 시간이었지만 엄마는 항상 무언가를 공부했다. 쉬는 날이면 도서관에서 책을 빌려 읽었다. 천장 모서리에 곰팡이가 껴있던 내 방에서《로마인 이야기》를 읽던 엄마가 나에게 말했다. 언젠가 이탈리아에 가보고 싶다고.

시간이 지나 문득 떠오른 이날의 기억은 운명의 시작인 듯 진하게 남아있다. 언제나 희망을 잃지 않았던 엄마가 많이도 지쳐 보이던 그날 저녁, 엄마는 왜 내게 그런 말을 했을까. 대화를 멈추고 엄마의 등을 보며 걷고 있던 눈앞으로 트럭이 지나갔다.

마지막이었다. 당시 고된 일로 살이 많이 빠졌던 엄마는 다리가 가늘어졌다며 '이젠 바지 말고 치마를 입고 다녀야지'라며 웃었다. 엄마는 항상 굵은 다리가 콤플렉스였다. 삼베 수의를 입고 누워있던 엄마의 치맛단을 꼭 쥐고 그 말을 서럽게 곱씹었다.

엄마를 보내고 두 달도 채 되지 않아 이탈리아 로마로 오게 되었다. 5년만 살자고 생각했던 로마에서의 생활이 어느덧 14년째다. 이탈리아에서 아내가 되고, 두 아이의 엄마가 되고, 30대가 되었다. 아이를 낳고 주변에서 '엄마가 살아 계셨더라면 산후조리를 도와주러 왔을 텐데'라며 안타까워했다. 하지만 엄마가 떠오른 건 더없이 평범한 날들이었다. 예를 들면 아이들을 데리고 친한 가족들과 수영장을 갔을 때, 아이들이 놀고 있는 모습을 보며 엄마들끼리 수다가 한창이었는데 문득 옛 기억이 떠올랐다. 대구의 낡은 아파트, 매일 함께 놀던 아이들, 둘러앉아 콩나물을 다듬으며 대화하던 엄마들, 아련한 여름날 모두 함께 버스를 타고 갔던 수영장…. 그 날 수영장의 풍경과 지금 나의 풍경이 오버랩되며 느닷없이 눈물이 차올랐다. 그때의 엄마가 지금 내 나이였다.

결혼을 하고 아이를 낳아 키우며 문득문득 엄마와 성인으로서 대화를 나눠본 적 없다는 것이 북받칠 때가 있다. 그때의 난 엄마가 한 사람으로 전혀 궁금하지 않았다. 친구가 더 중요했고 고민도 즐거움도 친구들과 함께 했다. 언젠가부터 엄마가 내 나이에 느꼈을 감정들에 대해 이야기를 나누고 싶다는 생각이 간절하다.

엄마는 종종 시장에서 장사를 하셨던 외할머니를 찾아가 한참 이야기를 나누다 돌아오곤 했다. 오빠와 나는 눅눅한 장판 냄새와 어두컴컴한 시장 분위기를 참지 못하고 나가자고 난리를 쳤었다. 엄마는 무슨 할 말이 그리도 많았을까. 다시 그때로 돌아가 엄마 무릎에 누워볼 수만 있다면.

아이를 통해 엄마를 만나다

첫 아이를 출산하고 아이를 키우며 만나는 일과 감정들을 기록으로 남기기 시작했다. 불과 1~2년 전의 기억도 가물가물한 스스로를 위한 기록이기도 하고, 훗날 아이들이 나에 대해 궁금해졌을 때 혹여 내가 들려주지 못할 수도 있으니 미리 아이들에게 쓰는 편지이기도 하다.

〈비정상회담〉에서 누군가 유세윤에게 결혼과 육아에 대한 생각을 물었다. 그는 기억에서 잊힌 자신의 유년 시절이 아들을 통해 되살아

나면서 삶이 완벽해지는 느낌을 받는다고 했다. 물론 육아는 매우 고되지만 그런 의미라고 생각한다면 아이와 함께하는 시간을 놓치고 싶지 않은 순간들로 여기게 될지도 모르겠다. 나 역시 아이를 키우고 있기에 그의 말에 공감했다. 아이를 통해 내가 완성되는 느낌과 함께 엄마가 되어가며 내가 모르는 나의 엄마에 대한 퍼즐이 맞춰지는 기분을 느낀다.

엄마와 비슷한 나이에 아들과 딸을 키우며 난 엄마를 써 나가고 있다. 그렇게 만나는 엄마는 그립고 슬프고 반갑다. 내가 경험하는 순간들, 내가 살고 있는 이탈리아를 엄마가 함께 즐기고 있다 생각하면 매일이 소중하다. 엄마는 나와 함께 이탈리아에서 살며 여행하고 있다. 엄마의 소원은 이루어졌다.

아이들이 잠든 저녁, 붉게 물든 로마의 하늘을 바라보다 남편에게 말한다.

"여보 알아? 그땐 참 힘들었는데 말이야…."

로마의 여름밤이다. 엄마와 함께 맞이하고 싶었던 딱 그런 밤이다.

엄마를 위한 웃음

다음 날 아침 유치원으로 향하는 길, 쓰레기통 앞이 온통 꽃가루다. 며칠 전만 해도 쓰레기통만 보이더니 오늘은 꽃가루만 보였다. 어제와 같은 오늘이었다. 그러고 보니 4월이 되고 등원길에 언성을 높이지 않은 날이 처음이다. 결국 아이의 행동에 대한 화가 아니었다. 그냥 내 화를 아이에게 푼 것이다. 내 안의 화가 사라지니 아이의 짜증도 사라

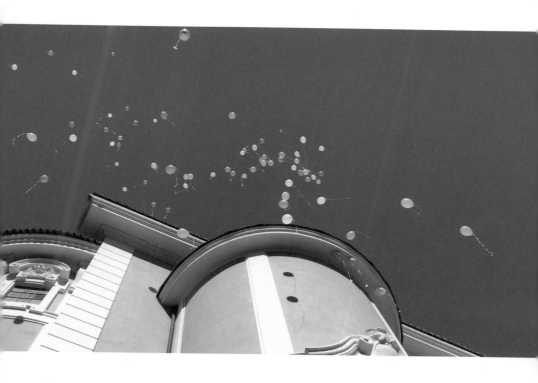

졌다. 과연 정말 사라진 걸까? 아니면 변한 것 없이 여전한 일상인데 그냥 나에게 보이지 않게 된 걸까?

유치원 입구에는 예수상이 있다. 아이를 데려다주고 작별 인사를 하기 전 함께 기도를 하는데, 내 기도는 항상 같다.

"더 이상 아이들이 간지럽지 않게 해주세요. 남편이 즐겁게 일할 수 있게 지켜주세요. 우리에게 이런 소중한 일상을 주셔서 감사합니다."

아이가 기도한다.

"엄마 웃게 해주세요. 방구 뿡! 뿡!"

우리가 서로에게 바라는 것은 하나다, 웃음.

4월이 지나고 5월이 왔다. 엄마의 날을 맞이하여 아이는 유치원에
서 작은 선물을 만들어왔고, 올해도 어김없이 시가 적혀있다. 제목은
〈엄마를 위한 웃음〉.

엄마를 위한 웃음

사랑하는 엄마, 엄마를 위한 축제의 날이에요.

엄마를 위한 노래를 만들었어요.

그런데 작은 새가 악보를 물어가 버리고 빈 페이지만 남겨놓았어요.

그래서 전 큰 용기를 내어 엄마를 위해 치즈 케이크를 만들어 보기로 했어요.

그런데 못된 생쥐 두 마리가 도토리 사이에 재빨리 숨겨버렸어요.

전 빨리 실크 드레스를 만들었죠. 그런데 왜 이렇게 작아진 거죠?

마치 다이어트를 한 거처럼!

제가 디자인한 스카프는 또 어떻게요? 작은 요정이 다 망쳐버렸어요.

사랑하는 나의 엄마, 정말 미안해요.

이런 거짓말들을 늘어놓아서….

엄마에게 달콤한 웃음을 선물하고 싶었어요.

그 웃음이 아름다운 엄마의 얼굴을 빛나게 해주길 바라요.

———

아이들은 엄마의 웃음을 위한 매일을 사는 것 같다. 웃어야 하는데 난 시를 다 읽고나니 눈물이 났다.

해 질 녘이면 어김없이 소나기가 쏟아진다. 집 앞 주차장엔 큰 나무들이 서 있는데 유독 한 나무만 새잎이 나지 않아 괜히 마음이 쓰였다. 어느 날 보니 그 녀석도 무성하게 잎이 났다. 기다리던 여름이 왔고, 아이들의 피부도 느리지만 좋아지고 있다. 요즘 우린 많이 웃고, 깊게 잠든다.

chapter 11

:

실전은
상상을 초월한다

아이가 자라는 만큼

하루는 종일 부대끼던 아이에게 피로와 짜증이 몰려왔다. 슬슬 한 계점이 오고 있는데 아이는 보란 듯 "이건 이안이가 할거야. 혼자 할거야"를 남발하며 여기저기 문제를 일으키기 시작했다. 결국 폭발한 나는 울고 있는 아이에게 "네 멋대로 해봐!" 소리를 지르고 방으로 들어가 버렸다.

잠시 후 울음소리가 서서히 잦아들기에 밖으로 나와 보니 아들은 홀로 그림을 그리고 있었다. 이젠 혼내도 겁을 안 먹는구나 싶어 오히려 더 부아가 치밀어 올랐다. 화도 식힐 겸 설거지를 하는데 뒤에서 아이가 "엄마…" 하고 불렀다. "뭐!" 여전히 화가 난 목소리로 대답하며 돌아보니 아이가 스케치북을 들고 서 있었다. 분홍색 하트가 잔뜩 그려진 스케치북.

"엄마 우리 사랑하잖아요. 화내지 말아요. 엄마가 좋아하는 분홍색 하트에요."

난 그만 울음을 터트리며 주저앉아 버렸다. 아이가 작은 두 손으로 눈물을 닦아주며 말했다.

"엄마 왜 울어요. 뚝! 울지 마요. 이안이가 울어서 미안해요."

"아니야, 이안이가 울어서 엄마가 화난 게 아니야. 어휴, 나 어떡하면 좋아…."

미안함이나 감동 같은 감정이 아니었다. 엄마로서 아이를 어떻게 대해야 할지 정말 모르겠다는 막막한 감정이 몰려왔다. 그저 화내고 혼내면 내가 원하는 대로 행동하게 만들 수 있다고, 이 아이를 너무나 단순한 존재로만 여기고 있었나 보다. 아이는 다양한 감정을 느끼며

스스로 생각하기 시작했는데 난 아직 이 순간을 받아들일 준비가 전혀 되지 않았다는 것을 깨달았다.

아이가 성장하는 만큼 나도 제대로 성장하고 있나? 막막하고 두려운 마음. 임신을 하고 출산을 하고 아이를 키우면 자연스럽게 엄마가 된다고 생각했다. 내가 엄마가 되는 것보다 아이가 더 빨리 자란다는 것을 어째서 그 누구도 말해주지 않았을까? 엄마가 아이를 키우는 것이 아니라 아이를 키우면서 엄마가 된다는 걸 나만 모르고 있었던 걸까?

어제도, 일주일 전도, 한 달 전도 모두 '어제'라고 하는 아들의 시간은 여전히 나와 다르게 흐른다. 하지만 그 시간들이 점점 순서를 찾아가고, 어떤 날은 내일을 기대하고, 어떤 날은 지나간 어제들 중 하루의 추억을 속삭인다. 매일이 '지금'이던 단순했던 아이의 세상이 커져가면서 마음은 다양해지고 감정은 복잡해지고 생각은 섬세해져 간다. 매일매일 가늠할 수도 없을 만큼 자라나는 저 마음에 어떻게 다가가야 할까? 육아가 힘들다고들 했지만 힘듦을 넘어 이렇게까지 어려운 것일 줄은 미처 몰랐다. 나만 그런 게 아니라 모두가 어렵다하니 그나마 위안이 된다고 해야 할지….

엄마의 아이러니

"웃기지도 않네."

"뭐?"

"웃기지도 않고, 재밌지도 않다고!"

"봐봐. 멋지잖아. 엄마는 재밌는데…."

"난 더 보고 있지 못하겠어. 참을 수 없어!"

"이제 시작한 지 얼마 되지도 않았어. 더 보면 재밌을 거야."

"재미있지 않다고! 엄마, 난 더 이상 있을 수가 없다고!"

야심차게 준비한 서커스 공연이었다. 아이는 종종 서커스를 보고 싶다고 했다. 마침 몇 개의 서커스 공연이 진행 중이었다. 어릴 적 연휴 아침이면 언제나 외국의 서커스 공연이 티브이를 통해 방영됐다. 어린 마음에 가슴을 졸이며 보던 기억이 난다. 한국에서는 어느 순간부터 서커스를 보기 힘들어졌지만 이탈리아는 아직도 연말연초 서커스 공연이 성황이다.

내가 초등학교에 들어가기 전이었던 것 같다. 늦은 밤, 우리 가족은 서커스를 보러 갔다. 붉고 노란 조명과 함께 기억에 남아 있는 것은 엄마에게 기대어 졸던 나와 공연 도중 집에 가자고 화를 내던 아빠의 모습이다. 그때 왜 아빠가 화가 났었는지 알 수 없지만, 그 당시 우리를 서커스에 데리고 갔던 부모님의 마음은 알 것 같다. 우리에게 무척 보여주고 싶었을 것이다. 이안이처럼 오빠와 나 중에 누군가 서커스를 보고 싶다고 했을지도 모른다. 그날 난 졸고 오빤 재미없다고 했던 걸까? 모처럼 아이들을 위한 외출이 생각처럼 되지 않아 속상했던 걸까? 어쩌면 우리 둘 중 한 명이 집에 가고 싶다고 떼를 썼을지도 모르겠다.

서커스가 시작하고 한 시간이 지나도록 좀처럼 흥미를 느끼지 못하고 혹평만 쏟아 내던 아이가 마지막 경고를 했다.

"난 더 이상 있을 수 없겠어. 나가고 싶어."

"조금만 더 참아. 아직 남았잖아."

"아니, 난 더 이상 있을 수 없어."

인터미션이 되어 불이 켜졌다. 난 결국 브이아이피 좌석을 뒤로하고 아이의 손을 거칠게 잡아끌며 공연장을 빠져나왔다. 마치 오래전 그날의 아빠처럼 말이다. 내 손에 이끌려 쭈뼛쭈뼛 따라오던 아이가 중얼거렸다.

"코끼리가 공 타고 나오지도 않고, 웃긴 아저씨도 없고, 재밌지도 않고…."

네 살이 된 아이는 의사표현도 다양해지고 자아가 강해졌다. 동시에 호불호도 확고해진다. 남편은 "자기가 좋아하는 것이 분명한 게 더 좋지"라고 했지만 종일 아이와 부대끼는 입장에선 그저 좋지만은 않다. 엄마의 아이러니다.

개성 강한 아이로 크길 원하면서도 한편으론 무난했으면 좋겠다. 학교에서도 무난하게 모든 아이들과 친하면 좋겠고, 내가 무언가를 보여주면 무난하게 즐거워하고, 어떤 상황에서도 무난하게 적응하면 좋겠다. 그러다 너무 무난해 보이면 또 고민하겠지. 없는 걱정도 만든다며 혀를 차는 남편에게 뭐라 할 말이 없다.

이번 달에는 유난히 생일파티가 많다. 지난주엔 비올라의 생일이었다. 이탈리아에서는 아이들 생일 파티에 레크리에이션 강사_{Animatore}를 초빙한다. 생일 파티는 부모들의 수다타임이 되고 아이들은 땀범벅이 될 때까지 춤추고 게임을 한다. 언제나 비슷한 패턴이지만 아이들은 매번 신이 난다.

이안이는 흥이 많지만 생일 파티에서 크게 즐기지 않는 편이다. 초반에 아이들과 놀다가 어느 정도 시간이 지나면 흥미를 잃는다. 그래도 왔는데 적당히 놀다 가면 될 것을 그러질 못한다.

아이는 몸으로 놀기보다 무언가를 만들거나 이야기가 있는 놀이에 집중하고, 자신이 흥미를 느끼지 못하는 장소에선 바로 빠져나오길 원한다. '그냥 좀 있으면 안 되나?' 싶다가도 나나 남편이나 그러지 못하는 성격이면서 우리 자식에게 그걸 바라는 것이 말이 안 되는 것 같다. 게다가 네 살 아이가 아닌 척, 하는 척해주길 바라는 것도 웃기다.

그런데 쉬이 넘기려다가도 자꾸만 마음에 걸리는 것이 있다. 서커스 공연장에서 넋을 놓고 즐기던 아이들, 생일 파티에서 정신 없이 뛰어놀며 깔깔거리던 아이들을 떠올려본다. 혹시 이안이가 이탈리아식 감성에 흥미를 느끼지 못하는 것은 아닐까?

축구가 재미없는 아이

"둥근데 모두를 즐겁게 하는 것은 무엇일까요?"

차를 타면 우린 '무엇일까요?' 놀이를 한다. 나, 남편, 아이 순으로 문제를 내고 무엇인지 맞추는 단순한 놀이지만 아이는 매번 처음 하는 것처럼 좋아한다. 한번은 아이가 문제를 냈는데 정답은 축구공이었다. 둥글게 생겼는데 모두를 즐겁게 하는 것. 하지만 그 '모두'에 이안이는 포함되지 않는다. 로마에서 태어나 로마에서 자라는 남자아이가 축구가 재미없다니!

이곳에서는 겨우 네다섯 살 정도의 아이들이 공만 보면 정신을 못 차린다. 유치원에 들어갈 나이가 된 남자애들은 벌써 자기만의 유니폼과 축구공을 가지고 있다. 하지만 그게 뭐 대수랴? 남편도 축구에 관심이 없고 친오빠도 관심 없다. 내 주변에 축구를 좋아하는 사람은 많지 않다. 그래도 다들 잘만 산다. 문제는 아이가 이탈리아에서 자란다는 것이다. 불과 작년까지만 해도 크게 느끼지 못했다. 이 나라 남자아이들에게 축구가 얼마나 중요한지 말이다.

이안이가 세 살 때, 친구 생일 파티에서 레크리에이션 선생님이 아이들에게 질문을 했다. "가장 좋아하는 축구팀은? 축구선수는?" 당시 이안이는 질문 자체를 이해하지 못하고 친구들이 답하는 걸 그대로 따라 했다.

올해 반 친구의 생일 파티에서 남자아이들은 생일 파티 시작과 함께 공을 차더니 마지막 생일 케이크를 먹을 때야 겨우 얼굴을 비췄다. 얼굴은 터질 듯 발그레하고 머리는 땀범벅이다. 이안이는 근처도 가지 않았다.

아이들이 더욱 강하게 축구에 열을 올릴수록 이안이는 자신이 좋아하는 것에 집중했다. 공룡, 로봇, 포켓몬…. 어느 순간부터 축구 하나로 미묘하게 아이들 사이의 간극이 생기는 것이 느껴지기 시작했다.

아이를 낳기 전에 살았던 아파트 건너편에는 유치원이 있었다. 점심시간이 지나면 어김없이 아이들의 고함소리가 창을 넘어 들려왔다. 창밖을 내려다보면 지금 이안이 또래 꼬마 남자애들이 서로 밀치며 큰 소리로 싸우고 있었다. 매일 저렇게 싸우느라 시끄러웠던 건가? 아이들은 우스꽝스러울 만큼 과장된 제스처를 써가며 심각하게 소릴 질렀다. 자세히 보니 축구를 하는 중이었다. 엄마를 기다리며 담벼락에서 축구를 하던 아이들에게 공은 없었다. 구겨놓은 캔을 차고 있으면서도 무척 진지했다. 당시엔 그 모습이 마냥 귀엽고 신기했다. 그런데 축구를 재미없어 하는 아들을 키우며 그때를 떠올리면 이런 아이들 사이에서 어쩌나 싶다.

하루는 유치원을 마치고 아이와 동네 공원으로 향했다. 방과 후 시간 되는 가족들이 모이기로 했다. 아이가 포켓몬 카드를 챙기기에 "공원에서 카드 놀이 할 수 있겠어?"라고 대수롭지 않게 말하고 집을 나섰다. 아이는 친구들과 포켓몬 카드를 가지고 놀 생각에 들떠 있었다.

공원에 도착하자 나무마다 축구팀이 형성되어 있다. 연령대도 다양하다. 초등학생 정도 되어 보이는 한 그룹에는 골키퍼인 듯한 아이가 골키퍼용 장갑까지 제대로 장착하고 있었다.

가족들이 하나 둘 공원에 모였다. 아이들은 하나같이 자신의 축구공을 안고 등장했다. 아이는 기분이 상했다. "내 공만 없네."

공원에 도착한 아이들은 누가 먼저랄 것도 없이 축구에 빠져들었다.

퇴근한 아빠들까지 합류해 축구에 혼이 나간 아이들에게 포켓몬 카
드를 하자고 아무리 소리 질러 봤자 들어주는 이는 없다. 속상해하는
아이를 보고 엄마들이 묻는다.

"이안이 왜 그래?"

"우리 아들은 축구 싫어해. 포켓몬 카드 하고 싶어서 왔는데 실망했
나 봐."

"이게 다 아빠들 때문이야. 애가 태어나자마자 병원에 오면서 축구
공을 사 왔어. 맨날 아이들과 축구만 하니, 애들이 공만 차고 놀아."

축구를 좋아하는 것이 성향 문제일 수도 있지만 얼마나 노출되었는가도 무시할 수 없다. 공룡 덕후 오빠 덕에 공룡만 보면 좋아하는 우리 둘째를 보아도 말이다. 이탈리아 친구들을 만나기 전까지 한 번도 축구를 본 적 없는 아이가 흥미를 가지기는 쉽지 않겠지. 그래도 다들 저렇게 놀면 당장 하고 싶은 것이 있어도 좀 참고 같이 놀면 좋으련만 아이는 그게 쉽지 않다. 어쨌든 친구들과 자기가 좋아하는 것을 공유하고 싶은 마음도 이해 못하는 것은 아니니 괜히 아이를 바라보는 마음이 짠해진다.

그때 아이가 무슨 마음을 먹었는지 공을 차는 친구들에게 달려갔다. 갑자기 태클을 하더니 공을 빼앗고 열심히 축구를 했다. '어? 축구를 못하는 건 아니잖아? 아이고, 기특하네. 이젠 누군가에게 맞춰주고 재미없어도 시도해 보는구나!' 홀로 감동하고 있는데 몇 분도 채 되지 않아 아이가 나에게 다가왔다.

"엄마, 이제 포켓몬 카드 줘."

그리고 다시 친구들에게 달려가 소리쳤다.

"포켓몬 카드 하자!"

깨달았다. 아이가 축구를 했던 이유. '나도 하기 싫은 거 하면서 놀았으니까 이젠 내가 하고 싶은 거 같이 할 차례야'라는 의미였던 것이다. 하지만 여전히 아무도 관심 없고 아이는 화를 삭이지 못했다. 그 화는 나를 향했다. 한 시간을 넘게 소리 지르고 울고 차고 흙을 던졌다.

"이안아, 친구들이 포켓몬 카드를 하지 않는 건 엄마 탓이 아니야. 그리고 누가 공원에서 카드놀이를 해? 친구들 축구하는데 같이 하면 안 돼?"

"아니야! 엄마 탓이야! 그리고 공원은 축구만 하는 곳이 아니야! 카드도 가지고 놀 수 있다고!"

"이안, 네가 카드가 재미있는 만큼 친구들은 축구가 재미있대. 각자 재미있는 걸 하는 거야. 넌 네가 재미있는 거 하면 되지."

"아니야! 혼자는 재미가 없단 말이야!"

다른 가족들이 모두 집에 돌아가고도 한참을 아이와 실랑이하다가 집으로 돌아왔다.

누굴 닮아 이럴까

아이의 화는 나에게, 나의 화는 남편에게 향한다. 남편이 일할 땐 절대 전화를 하지 않는 나이지만 참을 수 없었다. "당신이 단 한 번도 축구하는 모습을 보인 적이 없으니 애가 관심이 있을 수 있겠어!" 이런 소릴 해봤자 무슨 소용이랴? 나조차 모두가 H.O.T.에 열광할 때 홀로 당시 국내에 수입도 되지 않은 일본 애니메이션에 심취해 있었으니, 내 속에서 태어난 아이가 꼭 나 같은 거다. 다만 아이가 축구만 좋아하면 이곳에서의 육아가 훨씬 수월할 것 같으니 괜히 남편에게 푸념을 하게 된다.

한편으로는 재미없어도 애들 다 그렇게 놀면 좀 맞춰서 놀면 되지, 그게 뭐가 저리도 어렵나 싶어 아이가 원망스럽다. 앞으로 아이의 성향과 비슷한 친구를 만나기 어려우면 어쩌나 싶기도 하고, 아이가 재미없다는데 좀 맞춰서 놀라고 말하는 게 맞나 싶기도 하고, 어떻게든 축구에 재미를 느끼게 해야 하나 싶기도 하고, 저렇게 화를 낼 때 내가 어떻게 반응하는 것이 현명한지도 모르겠다.

보통은 아이와 싸우고 나면 바로 화해를 하는데 오늘은 화해를 못 했다. 아니, 안 했다. 아이는 화를 다 쏟아내고 기분이 풀렸는데 내가 기분이 풀리지 않는 거다. 엄마라고 매번 '사랑해, 우리 이젠 그러지 말자' 하고 마무리 지어야 하는 것은 아니지 않은가?

"오늘은 이안이에게 못 웃어 줄 거 같아. 자고 일어나서 내일 화해하자. 그리고 오늘 엄마는 이안이랑 함께 안 잘 거야. 화가 안 풀려서 같이 자기는 힘들 것 같아. 혼자 들어가서 자. (이건 뭐, 부부싸움도 아니고…)"

아이는 금방이라도 눈물을 쏟을 듯 고개를 숙이고 방에 들어가더니 공원에서 악을 쓰느라 진이 빠졌는지 바로 잠들었다.

어느 날 길을 걷다 강한 바람이 불었다. 머리카락이 산발이 되어 아이를 돌아보며 말했다. •

"엄마 웃기지, 완전 못생겼지?"

"엄마, 어떻게 해도 엄마 모습이야!"

그땐 예상치 못한 아이의 대답에 마음이 몰랑몰랑해지는 기분이었는데 요즘 종종 그 말이 떠오른다. '엄마가 어떤 모습이라도 엄마를 사랑해'라고 아이가 고백한 것 같다. 그런데 과연, 나도 아이에게 그런 마음일까?

아직 다섯 살도 되지 않은 아이에게 좀 맞추며 살면 어떠냐고 말하는 엄마 괜찮은가? 아이 성향과 상관없이 카드보다는 공을 차며 놀아주면 좋겠다는 마음을 가지는 엄마 괜찮은가? 정말 모르겠다. 그냥 지금 당장은 애가 화내는 모습, 내가 화내던 모습을 다 보았을 반 엄마들 마주치기가 민망해 내일 유치원에 지각해야겠다는 마음이다.

"이안, 미안해."

"엄마, 미안해."

아침이 되어 우린 화해를 했다.

"엄마, 웃어줘."

"응, 이안아 우리 화해하니 좋다."

"엄마, 내가 더 좋아. 난 엄마를 사랑하는데 엄마는 날 사랑하지 않는 것 같았거든."

"이안이가 화를 냈잖아."

"그런데 내가 화내면 왜 엄마가 더 화를 내? 그리고 화해도 빨리 안

해주고."

"이안이도 어제 오랫동안 화냈잖아. 그리고 엄마가 화가 풀리지 않았는데 어떻게 화해를 해?"

"그래도 빨리하면 좋지. 빨리 화해하면 더 많이 사이좋게 지내고 더 잘 살게 되잖아."

우리가 더 잘 사는 법은 아주 간단하다. 그리고 난 아들보다 더 속좁은 엄마다.

chapter 12
:
엄마,
니하오가
무슨 뜻이야?

정말 선생님이 그걸 가르쳐줬어?

유치원에서 돌아온 아이가 신이 났다.

"엄마, 오늘 유치원에서 재미있는 노래 네 개 배웠어."

"우와! 엄마 들어보고 싶어."

"하나는 이렇게 음와음와~"

"인디언 노래야?"

"맞아! 인디언이라고 했어. 엄마 어떻게 알았어? 그리고 하나는 치네지노Cinesino(치네제는 이탈리아어로 중국사람이다. 치네지노라고하면 중국 아이를 뜻한다) 노래야. 이건 노래하면서 이렇게 해."

아이는 손가락으로 눈을 길게 찢는 흉내를 내며 노래했다. 순간 얼굴이 화끈거린다. 동양인을 비하할 때 하는 동작 아닌가?

"그걸 누가 가르쳐줬다고?"

"C 선생님(유치원 담임 선생님), 나랑 안나마리아에게만 하라고 했어. 진짜 재밌지? 난 너무 웃겨."

안나마리아는 이탈리아-일본 혼혈이다.

"진짜야? 정말 C 선생님이 가르쳐줬어?"

너무 화가 났다. 굳이 반에서 유일한 동양인인 둘에게만 이걸 하라고 한 의도가 뭐지? 심장이 벌렁거린다. 남편에게 이야기하자 아침에 이안이를 데려다주며 선생님에게 물어보자고 했다.

다음날 아침, 선생님은 웃으며 아이들이 크리스마스 공연을 준비 중인데 중국 파트가 있어 두 아이가 그 부분을 맡게 되었다고 했다. "율동에 들어가는 동작이 있는데 나중에 공개할게요"라고 웃으며 대답하는 선생님에게 혹시나 학교에서 누가 놀려서 그런가 싶어 걱정했다고 얼버무렸다. 큰 볼일을 보고 뒤처리를 제대로 안 한 듯 찜찜하다. 별별 생각이 다 든다.

'그럼 이안이가 중국인 역할을 하는 거야? 한복 입고 오라고 하면 어떡하지? 그러면 이건 한국 전통복장이라고 절대 이걸 입고 중국인 역할을 할 수 없다고 단호하게 얘기해야겠어! 무대에서 사람들이 우리 아이를 중국인이라고 생각하면 어떻게 하지? 안나마리아 엄마를 만나봐야 하나? 그 엄마도 이 사실을 알까?'

끊임없는 질문이 머릿속을 맴돌았다.

몰라서 그런 거야

나에겐 페루 친구가 있다. 이름은 카르멘. 첫 아이를 출산하고 일주일에 한 번씩 청소를 도와준 인연이 되어 벌써 4년 넘게 도움을 받고 있다. 이탈리아어를 잘하는 그녀는 산후조리를 도와주며 남는 시간에 내게 이탈리아어를 가르쳐주었다. 내 이탈리아어의 8할은 그녀 덕분이다. 또한 손재주가 좋아 이안이에게는 멋진 미술 선생님이 되어주기도 한다. 무엇보다 그녀는 나의 현명한 조언자다.

"카르멘, 이 동작 알아? (눈을 찢어 보이며) 이거 안 좋은 의미잖아?"

"그건 누가 어디서 어떤 의도로 하느냐에 따라 다르지."

사실 이 대답을 듣는 순간 이미 나의 지난 며칠간의 고민은 조금 옅어졌다.

"이안이가 크리스마스 공연 준비를 하는데 유치원에서 배웠대. 중국인 역할이라고 하는데 난 기분이 좋지 않아."

"그거 알아? 난 중국계 혼혈인이야. 할아버지가 중국인이야. 츄스라고 중국 이름도 있어. 난 어릴 때 친구들에게 종종 놀림을 당했어. 내가 어릴 적에는 페루에 다른 인종의 사람들이 많지 않았거든. 놀림을 당할 수밖에 없었어. 그런데 봐봐, 이탈리아는 정말 많이 개방되었고 다양한 인종의 사람들이 살고 있어. 이 아이들은 금발이든 흑인이든 아시아 사람이든 아무런 느낌이 없어. 다르다고 생각하지 않아. 완전 다른 세대인 거야. 어떤 면에서는 우리보다 나아. 어른들이 더 성장해야 해."

"난 선생님에게 화내고 따지려 했어. 그런데 생각해 보니 이안이가 즐거워하잖아. 분명 전혀 기분 나쁜 느낌을 받지 않은 거야. 아이가 공연에서 그렇게 하면 다른 아이들도 왠지 그 동작을 놀리는 행동으로 느끼지 않을 거 같기도 하고…. 그 공연을 보지도 않고 섣불리 판단하는 게 옳지 않다는 생각이 드네. 공연을 보고 혹여 문제다 싶으면 그때 선생님께 이야기해도 되지 않을까?"

"넌 현명해. 잘하고 있는 거야. 내가 아는 많은 엄마들은 화부터 내고 따지거든. 그리고 중요한 건 네가 가지고 있는 감정을 아이에게 전달하지 않는 거야. 아이들은 부모의 감정을 따라가잖아. 그 동작을 다른 아이들이 이안이를 놀리며 했다면 화내야 하지만, 크리스마스 공연이 다양한 인종이 나오는 내용인 거 같은데 이안이는 그중에 중국인 파트를 맡은 것뿐이잖아. 유치원에서 선생님을 통해 배웠다면 믿고 지켜봐. 나도 남미 사람들은 나라별로 구별할 수 있지만 아시아 사람들은 전혀 모르겠어. 다 똑같아 보여. 중국인이냐고 묻는 건 나쁜 의도가 있어서가 아니야. 정말 몰라서 그런 거지."

카르멘의 이야기를 듣고 생각해 본다. 유치원에서 인디언 옷을 입혀 공연을 시켰어도 화가 났을까? 얼굴을 검게 칠해 아프리카 사람이 되었어도 화가 났을까? 중국인 아이에게 한국인 역할을 시켰다고 해서 불쾌해하는 엄마가 있다면 난 이해할 수 있을까? 과연 아이가 눈을 찢어 화가 났던 걸까? 중국인 역할을 시켜서 화가 났던 걸까?

투어를 마치고 돌아온 남편에게 며칠간 있었던 이야기를 한다.

"손님들이 이탈리아에서 인종차별을 당했다고 기분 나빠하며 말할 때가 있어. 그러면 난 이야기해. 살아보니 이탈리아 사람들은 우리가 동양인이어서 그런 게 아니라 원래 그렇더라. 그걸 차별이라고 느꼈다면 혹시 우리가 누군가에게 그렇게 행동할 때 차별의 의도를 가지고 있었기 때문이 아닐까 라고. 네가 기분이 나빴던 건 중국인에 대해 은연중에 좋지 않게 생각하고 있어서가 아닐까?"

니하오라고 하면 꽃을 주는 거야?

지난 달, 유치원에서 돌아오는 길에 한 무리의 이탈리아 사람들을 만났다. 축하하는 자리가 있었는지 월계관을 쓴 여자의 가슴엔 장미꽃이 한가득 안겨 있었다. 사람들은 즐거운 듯 연신 웃으며 대화했다. 그 곁을 지나는데 이안이가 말했다.

"아우구리(축하해요)!"

그들은 작은 꼬마의 축하에 난리가 났다. 주인공으로 보이는 여자가 장미꽃 한 송이를 빼서 아이에게 건넸다.

옆에 서 있던 남성은 두 손을 합장하며 인사했다. "니하오!"

난 기분이 상했지만 애써 미소를 띠며 대답했다.

"고마워요. 그런데 우린 한국인이에요."

"어머! 미안해요. 그런데 한국말 인사는 모르는데 어쩌지…."

아이는 장미꽃에 그저 신이 났다.

"엄마! 너무 예쁘지? 너무 좋지? 엄마 꽃 좋아하잖아."

"응, 너무 예쁘다. 집에 가면 병에 물 담아서 꽂아 두자."

"그런데 엄마?"

"응?"

"니하오라고 하면 꽃을 주는 거야?"

아이는 장미꽃이 아름다워 기분이 좋았다. 하지만 난 니하오라는 말이 무슨 나쁜 주문이라도 되는 양 장미꽃이 미워보였다. 아이는 꽃을 보았는데 난 가시를 보았다. 그들이 '차오' 혹은 '헬로'라고 인사했다면 어땠을까? '니하오'에 기분 나쁜 의도가 심어져 있는 것도 아닌데, 향기로운 장미를 선물 받아 놓고 가시 돋친 장미를 주었다며 없는 상처도 스스로 만든 꼴이다.

카르멘의 말이 옳았다. 아이들이 부모보다 낫다. 꽃을 들고 '니하오~ 니하오~' 하고 노래를 부르는 아이에게 다가간다.

"이안이 말로 차오가 뭐야? 안녕이지? 이안이 유치원에 친한 형 스티브 있잖아, 스티브 말로 차오가 니하오야. 차오, 헬로, 올라, 니하오 모두 안녕이라는 말이야. 모두 안녕이라고 인사하는 거야."

선생님에게 내 생각을 전했다

위 글을 쓰고 이곳에서 함께 아이를 키우는 한국 엄마들과 이야기를 나눴다. '선생님의 의도는 이해하지만 선생님 역시 그 표현에 대한 이해가 부족한 것일 수도 있지 않을까? 무대에서 하기엔 적당하지 않은 것 같다'는 의견이 대부분이었다. 종일 많은 생각이 들었다. 그리고 한 번 더 선생님께 내 생각을 얘기해 보기로 마음먹었다.

"선생님, 그때 말씀드렸던 표현에 대해 이야기하고 싶은데요. 선생님께서 좋은 뜻으로 아이들에게 가르쳐주신 것은 알고 이해합니다. 그런데 보통 이탈리아 사람들은 물론 다른 외국인들이 그 동작을 할 땐 인종차별이나 기분을 상하게 하려는 의도로 사용하는 경우가 많아요. 그래서 우리 입장에선 그 동작을 보면 기분이 좋지 않습니다."

"크리스마스 공연이 다르게 생겼지만 우린 모두 친구라는 내용이에요. 그래서 그렇게 느낄지는 몰랐어요. 다른 아이들은 물론 이안이도 너무 즐거워하고요."

"네, 이해해요. 이안이는 너무 좋아하니까 걱정 마세요. 제가 걱정하는 것은 공연을 보고 제가 느낀 감정을 혹시 다른 아시아 부모들도 느끼지 않을까 하는 것입니다. 이안이는 한국인, 안나마리아는 일본인이라 오히려 별거 아니라 생각할 수도 있어요. 그런데 이 학교에 중국 아이들도 있는데 어쩌면 그 부모나 아이들은 더 크게 느낄지도 몰라요. 가능하시다면 중국 아이들이 있는 반 선생님들과 한번 이야기해 보시면 어떨까요?"

"그렇게까지는 생각 못했어요. 말해줘서 고마워요. 공연 때 그 동작을 빼는 것으로 고려해볼게요. 벌써 아이들이 그 노래만 나오면 그 동작을 하는데…."

"감사합니다. 그리고 혹시나 이후에 아이들이 중국 아이들에게 그렇게 하며 노래를 부르면 아이들도 기분이 좋지 않을 거 같아요. 이해해주셔서 감사합니다."

말하는 내내 심장이 두근두근. 비루한 이탈리아어로 내 마음이 잘 전해졌을지 모르겠다. 어쩌면 이안이의 유치원에 아시아 아이들이 많지 않고 이 나라 사람들이 아시아 사람들을 접할 일이 별로 없어 생긴 오해일지도 모른다. 또한 차별 역시 당해본 사람만이 알 수 있는 감정이니 이들 입장에선 모를 수도 있겠지. 그렇게 넘기기로 했다.

우리 아이가 인종차별을 당한다면

월요일 오후, 유치원 선생님으로부터 문자가 도착했다. 크리스마스 공연에서 이안이에게 주어진 대사였다. 다음 월요일부터 본격적인 공연 준비가 시작되니, 아이가 잘 외울 수 있도록 미리 준비해달라는 내용도 덧붙었다. 이안이의 유치원 공연 첫 대사라 나도 덩달아 신이 났다. 아이에게 따라해 보라며 읽어주는데 뭔가 이상하다. 순간 가슴이 뛰고 손이 떨렸다. 모든 단어의 스펠링 중 R이 죄다 L로 수정되어 있었다.

아시아 사람들은 R발음이 익숙하지 않다. 이탈리아 사람들 중 일부는 중국인들이 유독 R발음을 구사하기 어려워한다고 생각하고 일부러 R을 L로 발음하며 놀리기도 한다. 이안이가 이탈리아에서 자라며 이런 식의 놀림을 받을 일이 왜 없겠는가? 생각지 못한 일은 아니다. 그러나 적어도 이 일이 학교 내에서 벌어져서는 안 되는 것 아닌가? 그것도 학교에서 가르쳐서 말이다.

지난번 눈을 찢는 동작을 하며 중국 내용의 노래를 부르게 했을 때 분명히 의사를 전달했다. '중국인 역할을 떠나서 동양인을 표현함에 있어 이런 방식은 위험하다, 이탈리아 사람들에겐 가벼운 농담이겠지만 우린 불쾌하다, 이런 표현들이 어떤 의미인지도 모른 채 재미있다고 생각해 너도나도 따라 하게 된다면 문제가 될 것이다'라고 이야기했다. 선생님은 바로 그 동작을 없애고 다른 동작으로 대체했다.

그런데 단 일주일 만에 다시 이런 일이 일어났다. 만약 내가 알아차리지 못했다면 연말 공연까지 한 달이 넘는 연습기간 동안 이안이는 유치원에서 눈을 찢으며 노래를 부르고 말도 안 되는 발음으로 대사를 연습하고 무대에 올랐을 것이다. 한해 가장 큰 행사에서, 친구들과 가족들이 모두 보는 자리에서 말이다. 난 남편과 객석에 앉아 깨닫게 되겠지. 절대 입에 올리고 싶지 않은 그 말, "우리 아이가 학교에서 인종차별을 당하고 있다."

대사를 보며 확신했다. 선생은 (이 순간만큼은 '님' 자를 빼겠다) 내가 의사전달을 했음에도 무엇이 문제인지 전혀 이해하지 못했다. 중국인뿐만 아니라 아시아를 표현함에 있어 이것이 얼마나 불쾌하고 인종차별적이며 무지한 것인지를. 자, 이제 난 어떻게 해야 하나.

로마에서 함께 아이를 키우는 한국 친구들 단톡방에 올렸다. 눈 찢는 사건 때도 분노했지만 반복하여 일어난 일에 모두가 할 말을 잃었다. 고소부터 학교를 바꾸어야 한다는 말까지 나왔지만 우선 반 엄마들에게 알리고 원장을 만나는 것이 우선이라는 데 의견이 모아졌다. 유치원 단톡방에 우리에게 일어난 일을 공유하고 내가 어떻게 대처하는 것이 좋을지 의견을 물었다. 그러자 놀라운 일이 벌어졌다.

대다수의 엄마들 반응은 '네가 기분 나쁠 수 있다는 것은 이해하나 그런 의도가 아니니 이렇게 공론화하지 말고 선생과 개인적으로 대화를 해라'였다. '우리 이탈리아 사람들은 열려있어서 이야기하면 다 이해한다. 아이들 모두 각자 다양한 국적의 역할을 받았다. 네가 좀 예민하게 받아들인 것 같다'는 식이었다. 오직 미국인 아빠와 캐나다인 엄마만이 이것이 인종차별의 소지가 있는 행위이며 아이들에게 너무나 나쁜 선입견을 심어줄 수 있는 상당히 심각한 문제라고 말하며 나에게 힘을 실어주었다. 한 엄마는 심지어 '그냥 웃자고 한 건데…'라고 썼다. 캐나다 엄마가 답했다. "당연히 웃자고 했겠지. 그런데 2017년에? 난 내 아이가 그런 사고관을 갖길 원치 않아."

다음 날 아침 단톡방은 아무 일도 없었다는 듯 크리스마스 사진 촬영과 누군가의 생일 파티 내용으로 도배되었다. 이런 이야기를 언급하는 게 불편한 것인지 아니면 아무런 관심이 없는 것인지, 우리가 피해자인데 이상하게도 우리가 예민하게 구는 문제아가 된 듯한 기분이 들었다. 한 순간 불편한 존재가 되어버렸다.

이탈리아에서 살면서 가까워진 이탈리아 사람은 대부분 한국-이탈리아 커플이다. 모두 한국을 잘 이해하고 알고자 노력하는 사람들이다. 난 몰랐다. 아니, 보지 않으려 했을지도 모른다.

하지만 이제 인정할 수밖에 없다. 대다수의 이탈리아 사람들이 아시아를 모르고 동양인에 대해 단 한 번도 진지하게 생각해 보지 않았다는 것을. 물론 인종차별에 대해서도 마찬가지다. 그들이 하는 행동에 우리가 어떤 감정을 가지는지는 관심 없다. 그냥 무지한 거다. 그런 의도가 아닌데, 그냥 웃자고 한 행동에 인종차별이라고 달려드니 되려 이들이 더 불쾌한 것이다. 우리를 그런 식으로 몰아가는 거야? 우리 그런 사람들 아닌데?

그래, 모르면 가르쳐주면 된다. 하지만 받아들이려는 의지가 없다면? 굳이 알고 싶어 하지 않는다면? 말해도 듣고 싶어 하지 않는다면? 굳이 이런 문제들을 만들어서 어쩌려는 거냐고 되묻는다면? 머리가 새하얘졌다. 어떻게 해야 하지?

우리만 가만히 있으면, 이안이만 아무것도 모른 채 중국 아이 역할을 해주면 다들 즐거운 연말 공연이 된다고 생각하는 걸까? 난 이 학교에 너무 만족하고 수업도 환경도 좋다. 지금까지 어떤 한 가지 문제에 꽂혀 힘들어하는 사람이 있으면 쉽게 충고했다. 문제가 있음에도 불구하고 다른 많은 장점들이 존재하는데 왜 그것을 보지 못하느냐고. 이제야 알았다. 수많은 장점이 있다 한들 단점 하나가 앞으로 나아갈 수 없게 하는 것이다. 하지만 어떠한 상황에도 한 가지는 분명하다. 결정해야만 한다. 그 자리에서 문제를 붙들고 나아가지도 돌아서지도 못하고 있어선 안 된다. 정면으로 부딪쳐 답을 만들어내거나, 받아들이지 못하겠다면 수많은 장점이 존재함에도 과감하게 돌아서야 한다. 과연 내가 그걸 할 수 있을까?

학교와 담판을 짓다

그날 저녁, 제니퍼에게서 연락이 왔다. 그녀 역시 이탈리아-캐나다 혼혈이다.

"네 글을 읽고 정말 쇼크를 받았어. 사람들이 무엇이 문제인지를 인지하지 못하고 있다는 게 더 충격이었어. 이탈리아가 이렇게까지 시대에 뒤떨어져 있다니…. 내일 아이를 데려다주면서 나도 선생님에게 이 문제에 대해 이야기할게. 엄마들의 문자 내용에 너무 부끄럽고 너에게 미안했어. 혼자 힘들어 하지마. 도와줄게. 앞으로 분명 이런 일들이 또 일어날 거야. 그래도 계속 이야기해야 해. 나도 함께 할게."

제니퍼를 비롯한 많은 친구들이 응원해주었다. 원장과 약속을 잡고 밤새 사전을 찾아가며 대본을 만들고 연습하고 또 연습했다. 날이 밝았다. 제니퍼에게 동행을 부탁했다. 두 아이를 키우며 나와 함께 매일 지각을 하는 그녀는 이른 아침 약속에도 멋지게 차려입고 와주었다. 원장을 만났다. 학교는 학교 나름으로 이 일을 공론화하고 심지어 인종차별로 치부한 것에 불쾌한 감정을 비쳤다. 우리가 의도한 바는 그것이 아니니 이해해 달라고 했다.

"당신들은 그런 의도가 아니었다고 하지만 우린 인종차별을 당했다고 느낍니다. 지난주 이안이가 아시아 사람을 보고 눈을 찢는 흉내를 냈어요. 하지 말라고 했더니 유치원에서 배웠다고 해요. 내가 뭘 어떻게 할 수 있겠어요? 혹여 아이들이 이런 행동을 하면 선생님이 제대로 가르쳐주는 것이 마땅한데, 심지어 가르쳐주다니요. 내 아이는 고작 네 살이에요. 어떤 의미인 줄도 모르는 아이에게 동양인을 비하하는 억양를 가르치고 표현을 시켰다고요! 당신 딸(원장은 스페인 사람이다)이 학교 연말 공연에서 우스꽝스러운 스페인 사람 역을 맡아, 멀쩡히 이탈리아 발음 잘하는데 굳이 과장된 스페인 억양으로 대사를 한다고 생각해 보세요. 웃는 이탈리아 사람들 사이에서 당신도 함께 웃을 수 있겠어요? 이안이가 중국 노래를 부르며 눈을 찢고 말도 안 되는 발음으로 공연하는 모습을 중국인 부모들이 보면 웃을 수 있을 것 같아요? 우리 학교에 흑인 아이도 있는데 단지 얼굴이 검다는 이유로 아프리카 사람 역할을 주고 웃통을 벗기고 나뭇잎으로 만든 치마를 입혀 이상한 노래를 부르게 할 건가요? 이안이에게 준 그 대사, 그 표현이 그것과 뭐가 다르죠? 내가 이 학교에 내 아들을 맡기고 내 딸까지 맡길 수 있겠어요? 공연 준비를 하면서 당신은 물론 이 학교의 선생들 모두 봤을 텐데, 내가 문제를 제기하기 전까지 아무도 무엇이 문제인지 깨닫지 못했다는 게 말이 되나요? 심지어 일주일 전에도 언급했는데, 또 이런 일이 생겼어요. 앞으로 또 이런 일이 없다고 이야기해줄 수 있나요? 물론 이안이가 이 학교 최초의 100% 아시아인이고 유일한 한국인임을 알아요. 그래서 무지했다 할 수 있어요. 하지만 다문화를 표방하는 이 학교에 아시아 아이들이 다니고 있고, 앞으로 계속 입학을 할 텐데 이러면 안 되죠. 이제 충고해 보세요. 아이를 가진 부모로서 무슨 말을 해줄 건가요? 우리가 이해하라고? 학교에 남으라고? 학교를 떠나라고?"

원장은 문제를 인지하지 못하고 있었음을 사과했다. "부끄럽지만 솔직히 말해주기 전까지 깨닫지 못했어요. 절대 인종차별의 의도가 아니었음은 알아주길 바랍니다. 무지했어요. 공연은 바로 수정하고 우리도 더 노력하고 공부할게요. 그리고 이 문제를 떠나 다국적 부모들과 이야기하는 시간, 각 나라를 소개하는 수업도 만들겠습니다. 예를 들면 한국의 날을 만들어 음식, 문화를 소개하도록 구상해 보겠습니다. 우리도 아이들에게 알려주겠지만 부모님들도 참여하고, 대사관, 문화원과 연계하는 방법도 생각해볼게요. 이야기해주어서 고맙습니다. 우리에게 정말 필요한 이야기예요."

그녀의 말이 끝나자 참고 있던 눈물이 터져 나왔다. 절대 받아들이지 않을 거라고 생각했다. 나의 부족한 이탈리아어로 하고픈 모든 말을 전하지 못할까 두려웠다. 이 일로 사랑하는 이탈리아에 환멸을 느끼게 될까 무서웠다. 앞으로의 일들을 감당할 수 없을 거라고 생각했다. 두 번 다시 이탈리아에서의 일상을 남기는 글을 쓰지 못할 것 같았다. 원장도 말이 통하지 않으면 학교를 바꾸자고 남편과 이야기했지만 솔직히 아무것도 모르고 있는 아이의 학교를 바꾸고 나도 아이도 다시 적응해야 하는 것이 자신 없었다. 무엇보다 학교를 바꾼 후에 다시 이런 일이 일어난다면 이곳에서 나의 일상은 악의만 가득 찰 것 같았다. 여기서 바꾸고 싶었다. 며칠 잠도 못자고 밥도 먹지 못하고 가슴 졸이던 모든 긴장이 풀어졌다. 나의 눈물에 원장도 제니퍼도 함께 울었다. 그녀들이 나의 눈물을 닦아주었다.

집에 도착하고 얼마 되지 않아 선생에게서 전화가 왔다. 절대 잘못을 인정하지 않는다는 전형적인 이탈리아 사람인 그녀가 사과를 했다. 깨닫지 못했고 무지했음을 고백했다. 앞으로 더 노력하고 공부하겠다고 했다. 공연은 전면 수정되고 노래, 율동, 대사 모두 바뀌었다. 이안이에겐 다른 역할과 "모두 함께 외쳐요! 드디어 크리스마스가 돌아왔어요!"라는 피날레 대사가 주어졌다.

선생님들이 완벽하게 이해했다고 믿지는 않는다. 다만 하나하나 바뀌어 나가리라고 믿는다. 이 일이 있고 그저 사랑스러운 시선만 존재했던 이곳의 불편한 모습들이 눈에 들어오기 시작했다. 하지만 세상 모든 일에 장점만 존재할 수 없음을 이미 알고 있지 않은가? 적어도 지난 10년간의 타지생활에서 긍정적인 기억만 존재했다는 사실에 감사할 따름이고 내가 문제에 대해 부족하지만 스스로 항의하고 이해시킬 수 있는 시점에 이런 일이 일어났음에 안도한다.

선입견에 사로잡혀 이탈리아 사람들은 이해하려고도 인정하려고도 하지 않는다고 치부해 버릴 뻔했던 우리에게 희망을 주어 감사하다.

그리고 사과해주어 고맙다. 물론 하루아침에 모든 것이 달라지진 않을 것이다. 그래도 변화는 시작되었고 천천히 나아갈 것이다. 분명 좋은 방향으로.

'외쿡사람'입니다

그렇게 생각을 거듭하다 잊고 있었던 기억 하나가 떠올랐다. 〈비정상회담〉에 출현해 우리에게 잘 알려진 타일러가 몇 년 전 자신의 트위터 계정에 글을 올렸다.

> '외쿡사람'이라는 표현은 나쁜 의도로 하는 말이 아니라는 것은 아는데 왜 그렇게 기분이 찝찝한 걸까요? 저만 그런가요? 왜 이렇게 거슬리지.

그 당시엔 크게 신경 쓰지 않았는데 이 사건이 있고 나서 다시 기사를 찾아보았다. 그의 글에 달린 댓글을 읽으며 소름이 돋았다. 이안이 유치원 단톡방에 내가 글을 올렸을 때 엄마들의 반응을 그대로 번역해 놓은 줄 알았다.

"굳이 그걸 비하로 받아들일 필요가 있나…."

"외국인을 표현하는 정감 있는 표현으로 받아들이면 되지 않나요?"

댓글 중 타일러에게 공감을 보낸 것은 한국에 사는 외국인이었다. 마치 유일하게 나의 상황을 이해해주었던 것이 캐나다인 엄마였던 것처럼.

이탈리아어 발음에서 R을 L로 바꿔 놀리는 것과 ㄱ을 ㅋ으로 발음하는 것은 결국 같은 맥락 아닌가. 이 표현이 외국인들에게 불쾌한 감정을 일으킬 거라는 생각을 나도 해본 적이 없다. 의도가 어떠하든 받아들이는 이의 감정을 헤아려주어야 하지만 당사자가 아닌 이상 스스로 깨닫기는 쉽지 않다. 나 역시 이탈리아에 사는 외국인임에도 한국에 사는 외국인인 그가 말해주기 전까지 전혀 깨닫지 못했으니까.

혹시 그도 주변에 수없이 이야기해 보았지만 공감을 얻지 못해 공개적으로 쓴 것은 아니었을까? 댓글들을 보고 어떤 생각을 했을까? 한국을 사랑하는 그이기에 뭘 그렇게 오버하냐는 반응에 더 놀라고 상처받았을지도 모르겠다.

나도 남의 땅에서 '외쿡사람'이 되어서야 그에게 공감한다. 그 일이 있고 난 후 친구들은 이탈리아 사람들이 몰라서 그러는 것이고 바뀌지도 않을 테니 받아들이는 우리가 의연해져야 한다고 말했다. 이게 정답일까? 눈을 찢고 발음으로 놀릴 때마다 매번 '이탈리아 것들 무식하게'라고 되받아쳐야 하는 걸까? 아니다, 상처받고 안 받고를 떠나 우리가 느끼는 감정에 대해서 말해야 한다. '외쿡사람'도 외국인이 이야기해주지 않는 이상 스스로는 느끼지 못했으니 말이다.

알고 보니 연말 공연에서 중국인 역할은 이안이 포함 4명이었다. 이안이가 이 역할에 포함되어 있었다는 게 오히려 다행이라는 생각이 든다. 만약 공연에서 이탈리아 아이들이 눈을 찢고 이상한 발음으로 공연을 했다고 해도 지금처럼 항의할 수 있었을까? 만약 그랬다면 극성스러운 엄마라고 치부되었을지도 모른다. 심지어 그 엄마들이 우린 괜찮은데 왜 네가 난리냐고 해버리면 내 말은 힘을 잃고 용기를

낼 수 없었을 것이다. 그 일이 우리에게 일어났고 용기내 마음을 전했고 그들이 받아들였다. 이것이 모든 것을 바꿀 수는 없겠지만 서로를 이해하는 첫 시작이 되었다고 믿는다.

드디어 유치원 크리스마스 공연 날이다. 기쁜 감정만을 가지고 공연장으로 향하게 되기까지 마음 졸였던 시간들이 떠올랐다. 꼬리에 꼬리는 무는 상념에 사로잡힐 무렵 공연이 시작됐다. 아이들이 마이크 앞에 서서 각자에게 주어진 대사를 했다. 순간, 정신이 들었다.

맞다! 선생님이 공연 전까지 아이들이 대사를 숙지할 수 있도록 도와주라고 했는데, 난 인종차별 문제에만 꽂혀 대사는 까맣게 잊고 있었다.

"여보, 어떡해! 나 한 번도 이안이 대사를 봐주지 않았어."

"걱정 마, 잘할 거야."

처음엔 대사만 제대로 외웠기를 바라다가 다른 사람들 보란 듯이 멋지게 했으면 좋겠다는 욕심이 스멀스멀 올라왔다. 어미의 마음을 알 턱이 없는 아이는 무대 뒤편에 앉아 옆자리 친구랑 장난을 치느라 정신이 없다. 공연의 피날레가 다가오자 이안이가 마이크 앞에 섰다.

———

Questo è il nostro augurio davvero speciale per dire tutti insieme
"Ora sì che è NATALE!"

우리 모두의 아주 특별한 염원을 담아 함께 외쳐요.
"자 이제 크리스마스예요!"

———

이안이는 무대의 모든 아이들 중에서 가장 큰 목소리로 노래했다. 내 눈에는 수많은 코러스들을 뒤로하고 노래하는 주인공이었다. 허리를 숙이고 고개를 들어 한껏 힘을 주며 노래하는 아이. 공연을 마치자 사람들이 다가와 노래는 이안이가 최고라며 웃는다. 남편이 어깨를 툭, 친다.

"거봐, 걱정 말랬지? 이안이는 잘할 거라니까."

chapter 13
:
이탈리아 엄마들

언제나 할 말 많은 이탈리아 엄마들

　기나긴 여름 방학이 끝나가던 어느 날, 개학을 보름 앞두고 학부모 단톡방이 난리가 났다. 청천벽력 같은 소식이 올라왔기 때문이다. 유치원 담임 선생님이 공립학교로 발령이 나면서 새 학기에는 새로운 선생님이 올 거라는 학교의 공문이었다.

　이탈리아는 3년의 유치원 기간 동안 담임 선생님과 반 친구들이 같다. 몇몇 사립학교를 제외하고 초등학교 5년, 중학교 3년, 고등학교 5년도 동일하게 적용된다. 세상 어디에서나 선생님의 존재는 특별하지만 이탈리아의 이런 시스템 속에서 아이와 선생님의 관계는 특히나 더 중요하게 여겨진다. 부모만큼 오랜 시간 가까이에서 부대끼다 보니 담임 선생님은 아이들에 대한 이해도가 상당히 높다. 물론, 그만큼 아이가 선생님과 맞지 않아 학교를 옮기는 경우도 많다.

　그런 선생님이 마지막 학년을 앞두고 바뀌게 된 것이다. 갑작스럽게 발령을 받아 아이들과 인사도 하지 못한 채 학교를 옮겨야 하는 선생님도, 엄마들도 많이 당혹스럽다. 무엇보다 아이들이 이 상황을 어떻게 받아들일지 걱정의 목소리가 높았다. 한 엄마는 아이가 안쓰러워 어찌할 줄을 모른다. 이번에 바뀌고 내년에 초등학교를 가면 또 새로운 선생님을 만나야 하는데 아이들이 감당하겠냐는 것이다. 한 엄마는 기존 학교에 있던 다른 선생님을 아이들 담임으로 학교에 요구해 보자, 그 선생님은 그래도 안면이 있으니 충격이 덜하지 않겠냐고 아이디어를 냈다. 여하튼 하루에도 수십 통의 메시지가 올라왔다. 대화창에는 갖가지 우려와 다양한 의견들이 거침없이 쏟아졌다.

　비단 이번만이 아니다. 연말에 선생님 선물을 고를 때도, 방학 전 가

족들과 함께 식사하는 자리를 정할 때도, 학교에 모기가 많다고 방역
을 요구할 때도, 이탈리아 엄마들은 아주 사소한 것 하나부터 열까지
자기 생각을 드러내는 데 조금의 망설임도 없다.

보이지 않는 벽

엄마가 되기 전 나의 삶 속에서 이탈리아 사람들은 모두 한국과 직간접적으로 연결되어 있었다. 아이가 학교를 가고 이탈리아에서 학부모가 되면서 비로소 진짜 이탈리아를 만나게 되었다. 처음 학부모 단톡방에서 엄청난 의견의 홍수를 만났을 때의 기분은 어색함을 넘은 불편함이었다.

한국에서 학부모가 되어 본 적이 없으니 한국 엄마들은 어떤지 비교할 수 없다. 하지만 학창 시절부터 대부분의 결정은 대표인 누군가가 하고 나머지는 따르는 데 익숙했다. 로마 한글학교에서도 선생님 선물을 준비하는 경우 반 대표 엄마가 알아서 구입하고 얼마씩 돈을 나누는 식이다.

하지만 이탈리아 엄마들은 선물 내용부터 금액까지 세상에 이보다 더 중요한 일은 없다는 듯 수백 통의 메시지를 며칠 동안 주고 받고서야 결론을 냈다. 나는 수백 통의 메시지를 흘려보내고 마지막 결정에 오케이 이모티콘을 남기는 것이 편했다.

처음에는 대화에 껴보기도 하고 슬쩍 조심스럽게 농담을 날려보기도 했다. 그럴 때마다 미묘하게 내가 겉돌고 있다는 생각이 들었다. 나라별로 정서적 코드가 있을 텐데 그걸 맞추는 것이 쉽지 않았다.

그러던 내가 처음으로 목소리를 내서 엄마들 사이에 문제를 제기했던 것이 이안이의 연말 공연 사건이다. 당연히 언제나처럼 다양한 의견들이 오갈 줄 알았지만 이탈리아 엄마들의 반응은 당황스러울 정도로 단조로웠다. 몇몇 외국인 부모를 제외하고 이탈리아 엄마들은 모두 선생이 아니라 마치 이탈리아 사람 전체를 대변이라도 하는 듯 절대 인종차별의 의도가 있어서 그런 것이 아니라고 학교를 옹호했다.

솔직히 학교보다 엄마들에게 더 상처받았다. 어린이집부터 유치원까지 알고 지낸 시간이 결코 적지 않으니 공감해주고 함께 화내줄 거라 생각했었나 보다. 이탈리아 사람들 대다수가 이런 생각이라는 것을 확인해 버린 듯한 기분에 힘이 빠졌다. '우리가 느끼는 감정에 이 사람들은 전혀 공감하지 못하는구나. 그렇게 오래 어울려 지내도 어차피 우린 이방인이구나. 결국 자기들에게 직접적으로 관련된 사항에만 열을 올렸던 거구나. 이제 엄마들에게 정 주지 말아야지.'

그 뒤 단톡방에 수많은 메시지들이 올라올 때면 참여하려고 노력하는 것이 너무나 부질없게 느껴졌다.

원장을 만나 이야기를 나눈 다음날 우리는 회사 행사로 지중해 크루즈를 타기 위해 떠났다. 같은 반 엄마들이 어떻게 생각하고 있는지 정확히 알 수는 없지만 여행을 마치고 돌아가자 분위기가 미묘하게 달라졌다. 우린 여행을 떠난 것뿐이었는데 내가 단톡방에 글을 올린 후 이안이가 유치원에서 보이지 않자 신경이 쓰였나 보다. 괜히 어색할 정도로 친한 척을 한다.

오해와 이해

몇 달이 지났다. 연말 공연은 해피엔딩으로 마무리되었고 계절이 바뀐 초여름의 어느 날이었다. 아침 일찍 학교 단톡방에 선생님이 글을 남겼다.

'이틀 전, N의 아버지가 돌아가셨습니다. 조의를 표합니다. 아이들에겐 아직 말하지 말아주세요.'

N의 아빠는 이탈리아 사람, 엄마는 우크라이나 사람이다. 이안이 반에는 일본인 엄마, 우크라이나인 엄마, 캐나다인 엄마 그리고 나, 넷이 외국인 엄마다. 우린 자연스럽게 학교 행사 때마다 같이 앉아 이야기를 나누었다.

그럼에도 난 그녀의 남편이 오랜 투병 생활을 하고 있는지 전혀 알지 못했다. 알고 보니 다른 이탈리아 엄마들은 꽤 알고 있었고 크고 작은 도움을 주고 있었다. 아이들의 생일 파티에서 N의 엄마가 다소 심각하게 다른 엄마들과 이야기를 나누는 모습을 본 적이 있다. 난 내가 낄 이야기가 아니겠지 싶어 굳이 묻지도 궁금해 하지도 않았다.

글이 올라오자마자 반 대표 엄마가 화환을 준비하고 돈을 모았다. 장례 일정이 나오고 시간이 되는 엄마, 아빠들이 함께하기로 했다. 장례식엔 20명 남짓의 사람들이 참여했다. 조용하고 소박한 마지막이었다. 고요한 성당을 채운 이들 중 반 이상이 같은 반 학부모였다. 눈물을 참는 그녀를 안아주며 모두 함께 울었다.

남편의 나라에서 외국인으로 홀로 아이를 키워야만 하는 그녀의 손을 잡는데 만감이 교차했다. 처음으로 실감이 났다. 어렸을 땐 해외에서 산다는 것이 그저 설레고 꿈같은 일이라고 생각했다. 타지에서 희로애락을 겪으며 사는 것, 기쁨도 슬픔도 그곳이 외국이라는 것만으로 얼마나 낭만적인가! 하지만 이제는 안다. 내 나라가 아닌 곳에 삶의 뿌리를 내린다는 것은 희로애락을 넘어 생로병사를 감당할 각오를 해야만 한다는 것을 말이다.

그녀가 나나 일본인 엄마가 아닌 이탈리아 엄마들에게 자기 사정을 털어놓은 이유는 말해주지 않아도 알 수 있다. 현실적인 문제에 가장 도움이 될 방안을 제시해 줄 수 있는 사람은 같은 외국인이 아니라 현지인이기 때문이다.

뭐든 도움이 될 일이 있으면 언제든 말하라고 하고 싶었지만, 입안에서만 맴도는 말을 차마 내뱉지 못하고 조용히 그녀를 안아주었다. 나는 당장 화환을 준비하는 것조차 어떻게 도와주어야 하는지 모른다. 다른 엄마들은 그녀를 안아주며 말했다. "우리가 언제나 여기 있는 거 알지? 어떤 일이든 어려워 말고 무조건 이야기해야 해. 알겠지?"

장례를 마치고 N의 엄마를 제외하고 새로운 단톡방이 형성됐다. 긴 투병생활에 부부의 수입이 많지 않았다고 한다. 이제 아이들의 유치원 생활이 1년 남았는데, N이 마지막까지 친구들과 함께 마무리할 수 있도록 마지막 학비는 우리가 함께 돈을 모아서 내자는 의견이었다. N의 엄마에겐 비밀로 하고 학교 측에서 배려하는 것으로 하자고 했다.

돌이켜 생각해 보면 연말 공연 때 이탈리아 엄마들이 말하고 싶었던 요지는 '네가 예민한 거야'가 아니었을 것이다. 우리가(이탈리아 사람들이) 나쁜 의도로 한 행동이 아니니 마음을 풀어주면 좋겠다는 의미였을 것이다. 자신들을 이해해주길 바란 것이지, 적어도 내가 느꼈던 감정을 외면하려 한 것은 아니었다고 믿는다.

여기가 한국이었다면 같은 반 외국인 엄마가 나와 같은 이유로 불쾌감을 가질 때 나 역시도 한국 사람의 편에서 그럴 의도가 아니었다고 이해시키려 하지 않았을까? 내 일처럼 함께 분노해줄 수 있을지 솔직하게 장담하지 못하겠다.

마음먹기에 달렸지, 모든 게

여러 가지 사건들을 겪으며 엄마들과의 관계에 소극적이었던 나도 내가 느끼는 감정은 말하고 살아야겠다는 생각이 들었다. 생각을 바꾸니 용기백배가 되어 적극적으로 학부모의 삶에 임하게 되었다.

얼마 전, 동료가 물리치료 정보를 묻기에 엄마들에게 도움을 청했다. 단톡방에 로마의 좋은 물리치료사를 알려줄 수 있냐고 남겼더니 엄청나게 많은 메시지가 도착했다. 심지어 학부모 중 물리치료사가 있어 직접 연락할 테니 전화번호를 알려달라고 했다. 며칠 전에는 유치원에서 12색 싸인펜과 연필을 준비해 달라는 공지가 올라왔다. 'Le

matite'라고 연필을 복수로 써놨기에 당연히 12색 색연필이라고 생각했다. 그래도 혹시나 싶어 유치원 단톡방에 "연필도 12색 맞지?"라고 물어보았다. 그러자 "아니, 까만색 하나만 필요한 거야" 하고 답이 올라왔다. 그래도 못미더웠는지 한 엄마가 일하는 도중에 굳이 연필 사진을 찍어 보냈다. 사진 속의 연필은 흔하디흔한 4B 연필이었다. 어쩌면 이들은 먼저 다가와주길 기다리고 있었는지도 모르겠다.

> "이탈리아인이 바로 우리를 보고 그렇게 생각하는 것 같아요. 놀람, 실망, 짜증의 감정 표현이 이탈리아인만큼 명확하지 않아서 우리의 의도가 이탈리아인에게 도저히 '포착되지 않는' 겁니다."
>
> 이탈리아 사람에게 내가 화났다는 사실을 알아차리게 하는 것은 정말 어렵다. 그래서 자유롭게 성질을 내는 능력을 익히게 된다. 목청을 높이고 몸동작을 점점 크게 하노라면 이따금 상대방의 얼굴에서 무슨 뜻인지 알겠다는 표정과 함께 거의 유쾌한 놀라움이 뒤섞이는 것을 감지할 수 있다. 그 순간 내가 문헌학이나 의미론과 전혀 무관한 방식으로 갑자기 저들의 언어를 구사하고 있음을 깨닫는다.
>
> 존 후퍼, 《이탈리아 사람들이라서》, 마티, 2017

이탈리아 엄마들도 내가 쉽지 않았을 것이다. 심지어 한국 사람을 태어나 처음 만나본 엄마도 있었다. 나만 어려운 게 아니었다고 생각하니 지난 시간 엄마들과의 관계 속에서 헤매고 고민했던 시간들이 조금은 덜 억울하다.

그들이 먼저 나에게 손 내밀어주면 좋겠지만, 그걸 기대하고 하염없이 기다리느니 내가 다가가는 것이 낫다. 분명 그들이 날 이해하는 것보다 내가 그들을 이해하는 게 더 쉬울 것이다. 내가 밝고 유쾌한 사람으로 보인다면 그들에겐 그것이 한국인의 이미지로 대변될 테니, 한국 엄마들을 대표하는 아주 중요한 역할을 하고 있다고 의미를 부여해 본다.

길을 가는데 아이가 갑자기 누군가에게 큰 소리로 인사를 한다.

"엄마, 저 친구 나랑 같은 학교야."

언뜻 봐도 이안이보다 나이가 많아 보인다.

"이안이 친구야?"

"응! 학교에서 봤어. 그런데 이름은 몰라!"

잠시 후 아이가 또 다른 아이에게 인사했다. 이번 친구의 엄마는 나도 안면이 있다. 유치원을 데려다 줄 때마다 매번 마주쳐 눈인사를 나누던 엄마였다. 먼저 인사를 하고 이안이 덕분에 이런저런 이야기도 나눴다.

아이는 신기하다 싶을 만큼 망설임 없이 사람들에게 다가간다. 또래보다 어휘력에선 살짝 부족해도 언제나 큰 목소리로 자신 있게 말한다. 여느 이탈리아 사람들보다도 말이 많은 아이는 먼저 인사를 하고 나이를 말하고 이름을 말한다. 자신의 이름을 잘못 발음하면 꼭 스펠링을 알려준다. 그런 오빠 때문일까? 아직 말도 떼지 못한 이도도 길을 가다 사람들과 눈만 마주치면 손을 흔들고 키스를 날린다.

어쩜 이 아이들은 누가 알려주지 않았는데도 타인에게 먼저 다가가는 법을 저리 잘 알고 있을까? 그 방법은 아주 쉽다. 사실, 나도 알고

있다. 먼저 웃으며 인사하면 된다.

여름 방학이 끝나고, 매일 아침 이탈리아 엄마들을 마주치는 일상이 다시 시작됐다. 아이들과 걸으며 만나는 모든 사람들과 가장 크고 가장 밝게 인사한다. 신기한 일이 벌어졌다. 나는 모르는 그들이 우리를 알고 있었다. 우리가 이 동네 그리고 이 학교의 유일한 한국인 가족이기 때문일 것이다. 우리의 인사에 웃으며 응답하는 그들을 보며 생각했다. 그래, 다들 우리랑 인사하고 싶었던 거야.

개학 첫날 엄마들 단톡방에 끊임없이 알람이 울린다. 기나긴 여름

방학이 끝나고 드디어 아이들에게서 해방된 엄마들이 기쁨의 이모티콘을 끝도 없이 보냈다. 나도 폭죽을 터트리는 이모티콘과 함께 '엄마들의 축제날Festa della mamma'이라고 남겼다. 거봐, 어려울 것 없어. 엄마 마음은 어디서나 다 똑같은 걸.

이제 겨우 유치원 2년이 지났을 뿐이다. 앞으로 남은 유치원 1년을 포함해 초등학교, 중학교, 고등학교까지 총 14년, 둘째까지 생각하면 그 이상의 시간 동안 수없이 겪을 일이다. 불편하고 어색하다고 뒷짐 지고 한발 떨어져 있을 수만은 없다. 익숙하지 않기에 불편했지만, 한편으로는 나의 아이들이 이런 환경 속에서 자라며 크고 작은 일 앞에 솔직하고 가감 없이 자기 의견을 드러내면 좋겠다는 생각을 한다. 그래, 이참에 나도 그런 사람이 되어 보면 좋겠다.

chapter 14

외국인 엄마로
산다는 것

이태리 호구

조용하다 못해 고요한 금요일 아침이었다. 6월의 마지막 금요일인데다가 날도 더워 모두가 여름을 즐기러 떠난 듯했다. 우리만 빼고. 친구들 단톡방엔 로마를 떠난 이들의 교통체증 소식뿐이었다. 별 다른 계획도 없고, 날은 덥고, 일어나서부터 줄곧 난 휴대폰을 만지작거리고 아이들은 뒹굴뒹굴 티브이를 보고 있었다. 그때 누군가 벨을 눌렀다. 가스 요금 수납 회사 직원이었다.

이탈리아는 가스와 전기 요금을 내는 곳을 선택할 수 있다. 그러다 보니 휴대폰 통신사처럼 더 저렴한 요금 혜택을 내세운 각종 프로모션이 난무한다. 물론, 좀처럼 한번 선택한 것을 바꾸지 않는 이탈리아 사람들은 크게 휘둘리지 않는다. 바꾸고 싶어도 좀 귀찮은 게 아니다. 인터넷을 예로 들면 더 좋은 가격이 나와서 다른 회사로 옮기고 싶어도 그 과정이 한 달 넘게 걸린다. 2019년에 인터넷 없이 한 달을 버틸 자신이 있는가? 하루도 힘들지. 그냥 비싼 요금 내고 쓰는 거다.

이렇듯 이탈리아 사람들이 자발적으로 뭔가를 바꾸지 않으니 집으로 찾아다니며 홍보를 한다. 더 좋은 요금을 제시하며 그 자리에서 바로 계약서를 쓰자고 한다. 문제는 대부분 사기인 경우가 많다는 것이다. 돈을 빼내간다기보다 덜컥 사인을 하고 나니 지점이 다른 회사로 바뀌어 있다든지, 더 비싼 요금제로 바뀌어 있다든지, 이상한 전자제품을 구입하게 되기도 한다. (이탈리아는 가스와 전기 요금을 수납하는 회사에서 에어컨, 보일러 등의 전자제품을 판매하고 요금 절감 혜택을 제공한다)

잡상인들은 보통 젊은 남녀가 2인 1조로 움직이며, 마지막 요금을 냈던 세금 용지를 요구한다. 여기에는 거래번호가 있는데 이게 있으

면 거래처를 바꿀 수 있다. 보여주기만 했을 뿐인데 거래처가 바뀌어 버리는 것이다. 공략 대상은 계약 내용을 잘 이해 못하는 사람들, 즉 노인이나 외국인이다. 이들은 주로 평일 오전 시간, 휴일 또는 여름 휴가철에 집에 있으니 잡상인 역시 그 시간을 노린다.

자, 이 정도면 뭔가 감이 오려나? 휴일, 외국인, 오전의 벨소리… 그렇다. 우리 집이 당첨된 것이다. 주변에서 누구이 이야기를 들었기에, 보통은 문도 잘 안 열어주고 바로 관심 없다며 돌려보내는데 이날은 귀신에 홀렸나 보다. 문을 열자 건장한 남자가 잔뜩 짜증이 난 표정으로 서 있다.

"아 내가 휴일에 이게 뭐야, 진작 와서 사인하면 얼마나 좋아. 이렇게 직접 와야겠어? 얼른 끝내고 우리도 바다에 가자!"

"어?"

"요즘 여기저기서 회사 바꾸라고 사람들이 찾아오지? 그거 안 바뀌게 하는 사인이랑, 지금 너희 집 요금제가 비싸. 바꾸라고 안내 못 받았어? 우리가 지금 바꿔줄게."

"나 너희 회사로 이미 전기, 가스비 내고 있는데?"

"알아. 그러니까 찾아왔지."

옆에 있던 여자가 태블릿을 켜고 내 이름을 치니 회사에 등록된 신상명세가 떴다. 확 믿음이 간다. 아이고 내가 몰라서 이렇게 고생을 시키네, 하며 덜컥 사인을 하고 보냈다. 문을 닫고 몇 분 뒤에 정신이 드는데 기분이 싸하다. 찜찜하다. 어? 나 지금 뭘 한 거지?

구글링과 온갖 상상으로 잠 못 이루는 휴일이 지나갔다. 월요일 아침, 아들을 유치원에 보내고 유모차를 밀며 지점으로 찾아갔다. 상황을 이야기하니 아직 전산상 바뀐 게 없단다. 그럼 어떡하냐고 묻자 "다음부터는 네가 확신이 없으면 절대 사인하지 마!" 인심 쓰듯 충고한다. 그런 말을 듣자고 내가 이 더운데 유모차를 끌고 온 건 아니지 않겠니?

집으로 돌아오는데 얼굴이 확 달아올랐다. 부끄럽기도 하고 막막하기도 했다. 이걸 어떻게 해결하지? 스멀스멀 속에서 뭔가가 올라온다. 뭐랄까, 실체를 알 수 없는 공포? 무슨 일이 벌어질지 알 수 없다는 두려움? 나 자신에 대한 모멸감? 그래, 이 모든 것이 합쳐진 궁극의 자괴감이었다.

10년 넘게 이탈리아에 살았으면서 이렇게 어이없이 당해버리다니! 길에 주저앉아 울고 싶었다. 나름 똑 소리 나게 해외살이를 하고 있다고 생각했는데, 이게 뭔가? 결국 난 멍청한 호구 외국인이었다.

그렇다고 가만있을 수는 없다. 내가 저지른 일, 내가 수습해야 한다. 바로 본점으로 전화를 했다. 장황한 자동안내 목소리를 들으며 억 겁의 시간이 지나서야 상담원 연결번호 안내가 나왔다. 사정을 이야기하자 역시나 아직 전산상의 변화는 아무것도 없단다. 며칠 뒤 다시 전화 달라는 이야기를 듣고 이틀이 지나 의문의 전화 한 통을 받았다. 일전에 사인한 내용에 대한 확인 전화였다. 알고 보니 바뀐 요금제는 매달 고작 1센트가 절약되는 것이었다. "축하드립니다! 매달 1센트가 할인되시겠네요!" 라고 상담원이 말했다. 아, 뒷골 당겨. 거기에 전기 관련 보험이 추가되어 매달 5유로씩 빠져나가는 내용이라고 했다. 큰 사기는 아니라 다행이라고 해야 할지, 걱정이 무색하게 되어 억울하다고 해야 할지. "사인을 한 건 맞는데 그때 제대로 이해 못했어요. 취소해주세요"라고 하니, 곧바로 "취소되었습니다" 하고 전화를 끊었다.

뭐야, 이렇게 쉽게 해결되는 거였어?

하지만 간단명료한 그 통화 이후 하루에도 몇 번이나 왜 취소하느냐는 전화를 받아야만 했다. 뫼비우스의 띠도 아니고 끝나질 않는다. 문자, 전화 난리가 났다. 다시 상담원 연결을 시도해서 사정을 이야기했다. 모든 것을 끝내기 위해서는 상세 내용을 적어서 팩스로 보내야 한다고 했다. 당황해 그건 또 어떻게 하는 거냐고 물으니, 상담원이 친절하게 내용을 불러주었다. 팩스를 보내고 일은 일단락되었다. 드디어 휴대폰이 잠잠해졌다.

내가 일 저지르고 수습하고 삽질도 이런 삽질이 없다. 이 과정에서 한 가지 깨달은 것이 있는데 내가 상담원부터 본점 직원, 거리에서 만난 동네 사람들까지 만나는 사람들을 붙잡고 하소연을 하고 있는 것이다. '진짜 모르고 사인했다. 너무 걱정이 돼서 며칠 잠을 못 잤다. 악몽이었다. 큰 사기일까 봐 얼마나 걱정한 줄 아냐? 진짜 그런 거 문 열어주고 사인하고 그런 사람이 아닌데 귀신에 홀렸나 보다. 어쩐지! 사인하는데 아들이 잘 놀다가 막 짜증을 내더라, 아들은 뭔가 느꼈나 봐….'

어? 이거 내가 그렇게 답답해 하던 이탈리아 사람들 모습이잖아? 이 나라가 일처리가 늦은 건 사람들이 느려서가 아니라 말이 많아서다. 분명하다. 슈퍼에서도 관공서에서도 업무 안 보고 뭔 말이 그렇게 많은지 뒤에 서서 기다리면 속이 터진다. 그런데 세상에, 내가 속 터지는 이태리 사람들처럼 말이 많아진 거다.

아직도 이탈리아에서 대다수의 정보는 사람을 통해 얻어야 하며 발품을 팔아야만 문제가 해결된다. 한 번에 해결되는 법이 없으니 이리저리 물어볼 수밖에 없다. 이 과정에서 생기는 답답함을 누구보다 잘 알아서 그런지, 이탈리아 사람들은 누군가의 긴긴 하소연을 들어주고 공감하고 위로하는 데 단연 일등이다. 얼굴도 모르는 상담원은 나의 하소연을 다 듣고는 다정한 목소리로 "걱정마, 다 해결됐어. 이젠 편히 잘 수 있겠지?" 하고 전화를 끊었다.

급하면 자꾸 놓치지

그 주 토요일, 아이들과 함께 집을 나섰다. 슈퍼에서 장을 보고 나가려는데 아이가 따라오질 않는다. 빨리 오라고 소리치니 오히려 직원이 날 불렀다. 세상에 내 정신 좀 봐, 돈만 내고 물건을 안 담은 것이다.

"고마워, 이안이 아니었음 큰일 날 뻔했네."

"엄마, 엄마는 언제나 너무 급해. 급하면 자꾸 놓치지."

며칠 동안의 일을 겪으며 내가 이방인이기 때문에 이렇게 헤맨다 싶어 주눅이 들었다. 앞으로 얼마나 더 삽질하고 수습해야 하는 걸까? 답답했다.

집, 차, 학교, 수많은 새로운 일들을 처리하면서 개운하게 넘어가는 법이 없다. 적어도 세 명 이상의 사람들에게 묻고 또 물어 답을 얻어야만 한다. 그렇게 결정을 해도 불안하다. 내가 잘 처리한 걸까? 또 묻고 묻는다. 무엇에 관련된 것이든 계약서는 여전히 어렵고 전화로 문제를 해결하는 것은 매번 망설이게 된다. 로마에 터를 잡고 산 지 10년이 넘었는데 어째서 아직도 이렇지?

그런데 생각해 보면 한국에서도 처음 하는 일들은 언제나 어려웠다.

휴대폰 개통 하나에도 이해 못할 내용 투성이라 버벅거리기 일쑤였다. 결국은 타국이라 힘든 게 아니다. 내가 특별히 부족해서도 아니다. 새로 겪는 모든 일은 어디에서나 누구에게나 서툰 게 당연하다. 급할 거 없다. 돌아돌아 하나하나 풀어나가면 결국 해결 못할 일은 없으니까. 이렇게 해결해 나가다 보면 조금씩 의연해질 것이다.

　손을 잡고 걷던 아이가 멈췄다.

　"엄마 우리 저기서 달콤하고 시원한 거 마실까?"

　나는 아이들과 자주 가는 카페 그늘에 앉았다.

"엄마 좋지? 난 나와서 먹으니 상큼하고 좋아."

그래, 살면서 이런 일이 왜 또 없겠는가? 그럴 땐 이렇게 시원한 그늘에 앉아 에스프레소에 설탕을 잔뜩 넣어 마신 뒤 심호흡하고 하나하나 풀어나가면 된다. 그러면 주눅 든 마음도 금세 '상큼하고 좋아'질 것이다.

과부하

갑자기는 아니었다. 과부하가 오고 있다는 걸 진작 느끼고 있었다. 여름 방학은 끝이 났고, 드디어 아이들이 유치원으로 돌아갔다. 새 학기 시작과 동시에 끊임없이 학부모 단톡방 알람이 울리고 여름 내내 멈춰있던 업무들이 처리를 기다리고 있었다. 아이들이 학교에 돌아가면 내 시간을 가질 수 있을 거라는 기대는 일치감치 무너졌다.

개학을 하고 여유로울 줄 알았던 일상이 예상과 다르게 펼쳐지자 과부하가 걸렸다. 그렇게 며칠을 멍하게 지냈다. 언제나 씩씩한 나였는데 이번엔 바닥을 친 자신감이 돌아올 줄을 몰랐다. 누구에게 하소연하기엔 나조차 이 마음의 형체를 종잡을 수 없었다.

남편이 주 4일을 밖에서 일하다 보니 집안의 모든 일에 있어 정보를 얻고 결정하고 해결하는 것은 전적으로 나의 몫이다. 우리 둘 뿐일 때는 문제없었다. 아이가 하나일 때도 나름 괜찮았다. 하지만 아이가 둘이 되고 점점 자라다 보니 이야기가 달라졌다.

처음 이탈리아에 와 혼자일 때도, 연애를 하고 결혼을 해서도 나름 적극적으로 이곳의 삶을 누렸다고 생각했다. 하지만 그건 아주 일부에 불과했다. 첫 아이를 낳고서야 '진짜' 이탈리아를 만난 것 같았다. 이곳에서 아이를 키우지 않았다면 결코 알 수 없었을 순간들을 만나며 로마를 더 사랑하게 됐다. 그렇게 마냥 설레고 신나는 마음으로 둘째를 맞이했고, 우리의 삶은 더욱 깊어졌다. 하지만 아이들이 자라면서 알게 되었다. 혼자라면 적당히 알아듣는 척하고, 어려우면 무시하고, 불편하면 잘라내고, 힘들면 미뤄왔던 수많은 상황들을 엄마가 되니 제대로 마주하고 부딪치며 나아가야만 한다는 것을 말이다. 게다가 지금까지는 시작이었음을, 초등학교 중학교 고등학교까지 적어도 10년 가까이 나의 삶 대부분을 우리 네 식구의 여러 가지 문제를 해결하는 데 써야 한다는 사실을 체감하게 된 것이다.

체류, 비자, 학교, 집, 차, 세금, 의료, 학부모 회의, 반상회, 관공서, 서류, 여름 방학, 학원, 문화생활, 한글학교…. 부부 중 한 명이 현지인이라면 조금은 수월했을까? 매 순간 기적이라고 할 만큼 많은 사람들이 우리를 도와주었지만, 결국 마무리는 나의 몫이었다. 어느 순간, 이 모든 것을 끊임없이 고민하며 살아야 할 앞으로의 시간이 버거워졌다.

답답한 마음에 자려는 아이를 굳이 곁에 눕혀 상담을 시도했다.

"이안, 엄마는 종일 마음이 좀 그래. 이럴 땐 어떻게 해야 해?"

"마음이 아파? 그러면 이렇게, 크게 숨을 세 번 쉬어 봐. 그리고 내일 아침엔 유치원에 가지 마. 아빠 보고 데려다 달라고 할게. 엄마는 집에서 5분 쉬어 봐. 휴대폰으로 5분 맞추고. 아! 두 번 해서 10분 맞추고 좀 쉬어. 그런데 그 얘기하려고 나보고 옆에 누우라고 한 거야? 이제 됐어? 나 자러 가도 돼?"

"이안, 잠깐만! 그럼 이안이는 마음이 아플 때 어떻게 해? 유치원에

서 그럴 수도 있잖아."

"아플 때 있지. 그런데 안 아플 때도 있어. 아프다가 안 아프다가 그래."

아플 때도 있고 안 아플 때도 있는 거라고 다섯 살도 아는 것을, 그 마음먹기가 이렇게 애가 쓰인다.

힘든 거 우리가 알지

며칠 뒤, 로마 여성회에서 뜨개질 수업이 있다는 공지를 보게 되었다. 아이들을 학교에 보내고 뜨개질 수업으로 향했다. 잡생각을 좀 떨쳐보자는 마음이었다.

수업 장소는 한국 식품점 2층의 작은 다락방이었다. 어두운 계단을 올라서자 작은 테이블에 10명 남짓의 사람들이 앉아 있었다. 난 한글학교에서 공지를 보고 갔던 터라 내 나이 또래의 엄마들이 있을 줄 알았다. 그런데 수업에 참여한 분들은 로마에 자리 잡은 지 30년이 훌쩍 넘는 분들이었다. 그분들 역시 내가 들어서자 신기해하는 눈치였다.

작은 공간에 옹기종기 모여 앉아 뜨개질을 하며 이런저런 이야기를 나눴다. 아이 둘을 키우고 있다는 나의 말에 한 분이 내 손을 잡고 말했다. "에휴, 많이 힘들겠네." 예상치 못했던 그 말이 마음에 쿡 박혀 눈물이 쏟아지려는 것을 겨우 참았다.

"나도 딸 둘을 키웠어. 다 알아. 많이 힘들지. 둘은… 힘들어."

곁에 앉아 있던 분이 나지막이 응수했다.

"우린 알지. 우리도 그리 키웠으니, 힘든 거 우리는 알지."

처음 내 손을 잡아주신 어른은 로마에 산 지 50년이 넘었다고 했다.

"50년 넘게 로마에 살면서 한국을 딱 한 번 갔어. 그땐 그랬어. 그런데 어느 날 한국말이 안 나오더라고. 그래서 계속 책을 읽었어. 이만큼 한국말을 하게 된 건 다 책을 읽어서야. 모두들 책 많이 읽어. 책을 읽는 건 정말 중요한 거야."

가장 재미있게 읽은 책을 묻자 제목이 기억나지 않는다는 영국 소설 줄거리를 라디오 극장처럼 들려주셨다. 얼마나 흥미진진한지 다

들 뜨개질을 하면서도 이야기에 웃고 놀라며 아이들처럼 다음 전개를 재촉했다. 한 분이 "어머, 너무 좋아. 학생 때 같아" 하며 웃었다. 또 다른 분이 "어쩜 코가 하나 빠졌네" 하고 속상해하자 옆에서 "구멍 생기게 하는 게 어려운 기술인데 대단하시네" 하며 한바탕 웃었다.

"구멍도 생기고, 헐렁하기도 하고, 너무 빡빡한 거 같아도, 길게 뜨면 다 예뻐요"라는 뜨개질 선생님의 말이 "힘들고 어려워도 지나면 다 예쁜 시간이에요"라는 말로 들렸다.

내가 살아온 생보다 긴 시간을 로마에서 산 사람들이 힘든 거 안다며 건넨 위로에, 어린 아들이 아플 때도 있고 안 아플 때도 있고 그런 거라며 무심히 던진 위로에, 마치 뜨개질 중간에 생긴 못생긴 구멍 같

은 시간을 보내고 있던 나는 마침내 예쁜 시간을 만들어 나갈 용기가
다시 생겼다.

내 작은 사람들과 함께

이탈리아에는 '넌 읽기 위해 태어났어Nati per leggere'라는 프로젝트가
있다. 아이가 태어나자마자 함께 책 읽는 문화를 독려하기 위해 1999
년부터 시작된 운동이다. 매년 행사 공식 홈페이지(www.natiperleggere.
it)에는 추천 도서 리스트와 세계 각지에서 열리는 독서 행사 정보가 올라온다. 이탈리아 각 지역의 어린이 서점과 도서관 정보도 얻을 수 있다. 일반 서점에서 판매를 하지 않는 책은 사이트 내 어린이 서점에서 구입 또는 주문이 가능하다.

이 사이트를 통해 어린이 서점을 검색하다 집에서 5분도 걸리지 않는 거리에 어린이 서점이 있다는 것을 알게 되었다. 처음 서점에 갔던 날, 작은 서점 안쪽에서 서점 직원이 아이들에게 책을 읽어주고 있었다. 알고 보니 이곳에서는 일주일에 한 번 아이들에게 책 읽어주는 시간을 마련한다. 당시 이탈리아 북부의 도서관에서 동네 할머니, 할아버지들이 아이들에게 책을 읽어준다는 글을 보고 부러웠는데 로마에서도 이런 소중한 기회를 만나게 되었다.

그날을 시작으로 일주일에 한 번씩 서점으로 향하기 시작한 것이 어느덧 2년 반이 지났다. 생후 6개월부터 참여할 수 있어, 둘째도 9개월부터 함께 서점으로 향한다.

처음 서점에 갔던 날 구입했던 책에는 이런 글이 있다.

———

어린이는 무엇인가요?
어린이는 작은 사람입니다.
어린이는 작은 손, 작은 발 그리고 작은 귀를 가지고 있습니다.
그렇지만 작은 생각을 가진 것은 아닙니다.
그들의 생각은 때론 엄청나게 크고,
어른들을 즐겁게 하고 입을 크게 벌려 "아!" 하고 말하게 합니다.

———

아직 말을 떼지 못한 아이들은 새로운 것을 이해하고 받아들이기 위해 언어 외적으로 모든 감각이 엄청나게 발달한다. 예민하고 섬세하다. 말하지 않는다고 해서 모르는 것이 아니라 우리가 상상도 할 수 없을 만큼 훨씬 더 많이 느낀다.

아이가 뱃속에 있음을 아는 순간부터 태교를 하고 엄마, 아빠의 말과 생각을 다 알아듣는다고 믿어 조심하면서, 오히려 태어나고 나면 아이가 아직 어려서 모를 거라고 치부해 버리곤 한다. 너무나 자주 아이를 '작은 사람'으로 대해야 함을 잊어버리는 것이다.

이탈리아에서 적지 않은 시간을 살았지만 아이를 키우며 만나는 이탈리아는 매일매일이 새롭고 때로는 겁이 난다. 잘 해나갈 수 있을까? 아니다, 걱정은 조금 내려놓자. 혼자 걷고 있는 것이 아니지 않은가. 작은 사람들, 이안과 이도가 함께 걸어가는 길이다.

chapter 15
:
두 언어의 아이

두 살 반, 작은 몸에 언어가 쌓이다

2016년 3월 우린 한국 휴가를 앞두고 있었다. 두 살 반, 말문이 트이기 시작한 아이를 보며 얻는 기쁨만큼이나 마음 한구석을 떠나지 않는 걱정이 있었다. 두 언어 때문이었다.

로마에서 태어나 자라게 될 아이가 좀 더 거부감 없이 이탈리아를 받아들이게 하는 것이 좋겠다는 생각에 14개월부터 어린이집에 보냈다. 고맙게도 아이는 잘 적응해주었다. 덕분에 나 역시 한결 부드러운 육아를 하게 되었다. 어린이집에서는 이탈리아어만 사용할 테니 집에서는 한국말만 쓰기로 했다. 나나 남편이나 이탈리아어가 모국어가 아니기에 굳이 완벽하지 않은 발음과 문법으로 말하는 것보다는 한국어를 계속 들려주는 것이 좋겠다고 생각했기 때문이다. 하지만 아무리 한국말로 아이에게 책을 읽어주고 말을 걸어도 대답은 어김없이 이탈리아어로 돌아왔다.

먹고 마시고 자고 싶다는 단순한 욕구부터 색깔, 과일을 지칭하는 단어까지 이탈리아어를 쓰는 아이. 이러다 영영 한국어를 못하게 될까봐 덜컥 겁이 났다. 상황이 이렇게 돌아가자 힘들어도 아이를 데리고 있다가 말을 떼기 시작할 때 어린이집에 보내는 것이 나았겠다는 생각까지 들었다.

이탈리아어만 하는 아이와 한국행 비행기에 올랐다. 한국에 도착하여 공항에 발을 내딛는 순간, 놀랍게도 아이는 '제가 언제 이탈리아 말을 했었나요?'라는 듯 한국말을 하기 시작했다. 아니, 한국말만 하기 시작했다.

부모의 마음은 항상 조급하여 직접 보고 들어야만 아이가 성장하고 있다고 생각한다. 하지만 아이는 모두 듣고 느끼고 있었다. 조그만 몸 안에 차곡차곡 쌓아가는 중이었다.

매일 밤 자기 전에 읽어주었던 책 속에서, 남편과 내가 나누는 대화 속에서 들었던 단어들이 아이 입에서 흘러 나오기 시작했다. 그래, 아이가 스스로 말할 때를 기다리자. 우리의 몫은 많이 들려주는 것이다.

한국 휴가에서 돌아온 아이는 여름을 맞이하며 세 살이 되었다. 단어는 문장이 되었다. 사내아이들은 이 시기에 교통수단과 공룡 중 한 가지에 빠진다고 하더니, 아들의 경우는 공룡이었다. 이 아이의 세상은 오직 공룡을 위해서만 존재하는 듯, 하루 종일 공룡 공룡 공룡….

길을 걷다 거리에 나부끼는 쓰레기에 보일락 말락 그려진 공룡도 어김없이 찾아낼 정도로 온 신경이 공룡을 향해 있었다. 당시 난 임신 중기를 지나며 시도 때도 없이 잠이 오기 시작했고, 유튜브로 공룡 다큐를 틀어주어야 겨우 여유를 찾을 수 있었다. 여름이 지날 즈음 아들의 입에서는 놀라운 단어들이 쏟아져 나왔다. 화산 폭발설, 운석 충돌설, 날카로운 이빨, 두꺼운 턱, 손톱 세 개, 폭군 도마뱀, 티라노사우루스 렉스, 백악기, 쥐라기….

'잘 먹겠습니다'조차 제대로 발음하지 못하던 아이 입에서 나오는 말에 입을 다물지 못했다. 어른도 무언가에 흥미를 느끼는 것이 가장 큰 동기 부여가 되는데 하물며 아이는 어떻겠는가? 아이는 자기가 하는 말이 어떤 의미인지도 모른 채 죄다 흡수하고 있었다.

새해가 되면서 아들의 한국말은 놀라울 정도로 빠르게 늘기 시작했다. 아이를 재우려 불을 끄고 침대에 누워 잠들기 전까지 이런저런 이야기를 한다.

"이안아!"

"왜?"

"아이참, 무슨 말을 하려고 했는데 까먹었다."

"엄마! 밤늦게 뭐 먹지 말랬지?"

"아니, 그게 아니고. 무슨 말을 하려고 했는지 잊어버렸다고~"

"잊어버려? 뭘? 말? 그럼 찾아보자."

"그게 아니고~"

"괜찮아! 아빠랑 같이 찾으면 금방 찾을 거야!"

역시, 이게 바로 한국어의 매력! 아이와 한국어로 대화가 가능해지면서 우리에겐 웃을 일이 더 많아졌다.

세 살 반, 분리된 세계

일 년이 지났다. 2017년 3월, 다시 한국 휴가를 다녀왔다. 세 살 반의 이안이는 휴가에서 돌아온 후부터 유치원에서 사람들이 말을 걸면 멀뚱멀뚱 쳐다만 봤다. 그리고 자꾸 나에게 그들이 무슨 말을 하는지 알려달라고 했다. 혹시 한국에 다녀오는 동안 이탈리아어를 다 잊어버린 걸까? 담임 선생님은 전혀 걱정하지 말라고, 학교에선 아주 잘하고 있다고 말해주었지만 걱정 많은 어미는 기다려주자는 깨달음을 잊고 또 노심초사다.

아들이 한국에서 시간을 보내며 한국말이 늘어갈 때 친구들 역시 이탈리아 말이 늘었다. 이렇게 수준차가 벌어지는 것일까? 걱정도 잠시, 봄이 지나면서 어느 순간 아들의 입에서 이탈리아어가 문장으로 나오기 시작했다. 당시 이탈리아 사람들이 말을 하면 뚫어져라 쳐다보고 나에게 자꾸 무슨 말인지 알려달라고 했던 것은 이탈리아어가 거침없이 들리기 시작했기 때문이었다. 그전까지 아들은 친구들이나 선생님이 하는 말 정도만 이해했고, 자기가 하고 싶은 말만 하고 있었다. 그런 아이에게 주변의 모든 말이 들리기 시작한 것이다. 아이는 그 말들이 다 궁금했던 것이고. 그렇게 봄이 지나고 여름이 지나자 이안이의 이탈리아어는 순식간에 늘기 시작했다.

아이는 매일 아침 나의 손을 잡고 유치원으로 향한다. 짧은 거리지만 많은 이야기를 쏟아낸다. 대부분 자기 머릿속의 이야기들이다. 때로는 재잘재잘 메들리로 노래도 불러 준다. 모퉁이를 돈다. 유치원 입구에 같은 반 친구 카를롯타가 보인다. 아이는 나의 손을 놓고 뛰어간다. 그리고 뒤돌아보며 외친다.

"Mamma! Vieni! (엄마! 빨리 와!)"

아이는 두 언어의 세계를 산다. 모퉁이를 하나 돌았을 뿐인데, 엄마,
엄마 날 부르며 손을 잡고 있던 아이가 담벼락 하나를 지나자 손을 놓
고 날 '맘마mamma'라고 부른다.

세 살 반, 아이는 어디에서 누구를 만나느냐에 따라 마치 컴퓨터의
언어 변환키를 누르듯 언어를 전환시켰다. 두 언어를 자유자재로 구
사한다는 것이 아니라 자신도 인식하지 못한 채 본능적으로 분류를
하고 있는 것처럼 보였다. 그렇게 분류된 장소 혹은 사람들에게 자신

이 정한 언어를 적용한다. 이 모든 것은 순식간에 이루어진다.

이탈리아 티브이를 통해서 만나는 페파 피그는 이탈리아 말을 하고, 유튜브로 만나는 뽀로로는 한국말을 한다. 집에서는 한국말, 유치원에서는 이탈리아 말. 한국 사람들에겐 형, 누나, 이모, 삼촌이라 부르지만 이탈리아 사람들은 절대 그렇게 부르지 않는다. 누군가 아이에게 한국말 해봐라, 이탈리아 말 해봐라, 요구해도 의식적으로는 불가능하다. 대상에게 맞는 언어로 이미 전환되어 버렸기 때문이다. 유일하게 두 언어의 세계를 공유하고 있는 것은, 나, 엄마뿐이다.

하루는 혼자 유튜브를 보던 아이가 심각하게 소리를 지르며 날 불렀다.

"엄마! 엄마!!!"

큰일이라도 났나 싶어 정신없이 달려갔더니 컴퓨터 화면을 가리키며 엄청난 것을 발견한 듯 쳐다보고 있었다. 페파 피그였다.

"엄마, 이것 봐! 페파 피그가 이안이 말(한국어)을 하고 있어!"

아이의 분류체계에 혼돈이 왔다. 이탈리아 말을 하는 페파 피그가 한국말을 하고 있다니, 이런 놀라운 일이! 이안아, 걔 영어도 잘하던데…. 아! 이건 아직은 비밀로 하자.

네 살, 아이와 함께 자라는 말들

아이가 네 살이 되었다. 이제 세상의 모든 것은 이안이 말과 카를라 말(카를라는 유치원 선생님이다. 아이는 이탈리아어를 카를라 말이라고 부른다) 두 개의 이름으로 불린다는 것을 안다. 때로는 그 이상의 이름을 가진다는 것도 안다.

유치원 행사에서 엄마들과 대화를 하다 장난치는 아이에게 한국말로 주의를 줬다. 다시 정원 쪽으로 뛰어가던 아이가 깜빡한 것이 있다는 듯 나에게 다가와 속삭였다.

"그런데 엄마, 이안이 학교에서는 카를라 말로 해야지!"

친구들 곁으로 달려가는 아이의 뒷모습을 바라보았다. 아마도 한국말을 다른 사람들이 못 알아듣는다는 것을 알려주고 싶었던 것 같다. 혹시 내가 그 사실을 깜빡하고 실수했다고 생각했나 보다.

솔직하게 고백하건대, 아이에게 한국어를 제대로 쓰게 하려고 이탈리아 사람들 앞에서도 한국말을 하는 것은 아니다. 처음엔 무조건 한국말을 하게 해야 한다는 강박도 있었다. 하지만 이제는 아이가 집과 학교의 언어를 확실하게 구분하고 있기 때문에 굳이 그럴 필요가 없다. 사실은 나 자신이 아이 앞에서 이탈리아어를 쓰는 것이 불편하다. 무엇보다 아이의 이탈리아 친구들 앞에서 말을 하는 것이 부담스럽다. 혹시나 친구들이 이안이 엄마는 말이 이상하다고 생각할까봐 외국인인 나는 자꾸만 긴장을 하게 된다. 정작 그 아이들은 전혀 신경 쓰지 않을지도 모르지만 말이다.

1월 6일은 주현절이자 마귀 할머니가 사탕을 주는 날이다. 착한 아이들은 달콤한 사탕을, 못된 아이들은 까만 석탄 모양의 설탕 덩어리를 받는다. 이안이는 이번에 마시멜로를 받아 신이 났다.

"엄마! 마시멜로는 카를라 말로 뭐야?"

"마시멜로는 카를라 말도 마시멜로야. 잉글레제Inglese (영어)도 마시멜로야. 마시멜로는 어떤 말로도 마시멜로야."

"제로처럼? 제로도 이안이 말로, 카를라 말로, 잉글레제로 다 제로라고 해!"

"아~그래?"

인사를 하고 반으로 들어가는 모습을 보며 돌아서는데 아이가 크게 말하는 것이 들렸다.

"Antonio! Lo sai che io c'ho Marshmallow? (안토니오! 나한테 마시멜로 있는 거 알아?)"

아이는 이제 어떤 것은 하나의 이름만 가지기도 한다는 것을 안다. 자신의 이름이 어디에서나 '이안'인 것처럼.

언젠가 이탈리아에서 태어나 성인이 된 한국 아이들에게 질문을 한 적이 있다.

"너희는 어떤 언어가 더 편해? 한국어? 이탈리아어? 생각을 할 땐 어떤 언어로 해?"

"음, 내용에 따라 달라요. 연애는 한국어가 더 편하고 학교생활은 이탈리아어… 내용에 달라 생각하는 언어도 달라지는 것 같아요."

그리고 덧붙였다. 확실히 읽고 쓰는 것은 이탈리아어가 편하다고, 한국어 레벨의 차이는 거기에서 온다고. 그 말에 한국에선 아들 또래 아이들이 벌써 글을 읽고 쓸 줄 안다는 이야기가 떠올랐다. 이탈리아 유치원에서도 글을 읽을 줄 아는 아이들이 몇 있다는 이야기를 들은 터라 슬슬 글을 가르쳐야 하는 것인지 고민을 하던 어느 날, 아들이 뜬금없이 냉장고에 종이를 붙였다. 한국에서 사 왔던 색연필 포장지였다. 분홍색이라는 걸 빼면 특별할 것 없는 제품 포장지. 이걸 왜 붙였냐고 묻자, "응~ 여기에 '엄마 사랑해요. 아빠 사랑해요. 많이 사랑해요'

라고 적혀있어서"라고 대답한다.

아, 아이를 키우는 시기 중에서 아이가 이렇게 생각하는 대로 읽으며 부모에게 이토록 충만한 기쁨을 주는 시간이 얼마나 된다고, 난 굳이 그 시간들을 빨리 뛰어넘으려 욕심을 냈던 것일까? 아이는 자신의 시간에 맞게 한 걸음 한 걸음 차근차근 걷고 있는데 괜히 먼저 달려가 안달을 내고 있었구나. 아이는 이제 겨우 생의 네 번째 해를 보내고 있을 뿐인데 빠르면 얼마나 빠르고 늦으면 얼마나 늦는다고….

글은 이렇게 쓰고 있지만 언제 그랬냐는 듯 또 전전긍긍하고 말겠지. 어쩌겠어, 나에게 네 살 아들을 키우는 일은 처음인걸. 심지어 로마에서 말이다. 잠든 아이 곁으로 나비가 날아온다. 날아든 나비를 잡아두면 아이가 깨어나 기뻐할 것이 분명하지만 나의 몫은 향기 나는 이불을 덮어주는 것, 거기까지임을 알기에 조용히 방을 나와 아이가 깰까 조심조심 방문을 닫는다.

다섯 살, 균형이 필요한 시간

지난 3월 한 달간 한국에 머물렀다. 정신없이 한 달이 지나갔고 우린 다시 로마 일상으로 돌아왔다. 아이가 한 달 만에 유치원에 나타나자 친구들은 학교가 떠나가라 소리를 지르며 반겼다. 그렇게 자연스럽게 모든 것이 제자리로 돌아갈 줄 알았다. 그런데 다음날 아침부터 아이는 유치원에 가고 싶지 않다고 떼를 썼다. 학교는 한글학교만 가겠다고 했다. 이탈리아 말을 다 '잃어버렸다'고 했다.

한두 번 한국에 다녀온 게 아닌데, 이런 적은 처음이었다. 늘 그랬듯

이탈리아에 돌아오면 아이의 입에서 바로 이탈리아어가 나올 줄 알았다. 심지어 숫자 세는 법까지 모르겠단다. 한 달 동안 정말 최선을 다해 모든 것을 잊고 한국을 즐겼던 걸까? 아이들은 빨리 흡수하는 만큼 빨리 날려 보내는 걸까? 이렇게까지 싹 잊어버릴 줄은 몰랐다. 아이는 당황스러울 만큼 등원을 거부했다. 어떻게든 달래서 유치원에 들여보내기는 하지만 아이가 겪는 스트레스를 내가 헤아리긴 힘들 것 같다.

　이안이는 지금까지 단 한 번도 등원을 거부한 적이 없다. 아이에게 유치원은 언제나 즐거운 곳이었다. 하지만 이탈리아 말을 잊어버린 아이에게 유치원은 더 이상 즐겁지 않았다. 아이는 아침마다 길에 서서 말도 안 되는 이유로 짜증을 내며 유치원에 가고 싶지 않다는 표현을 했다. 화를 내려다 숨을 고르고 말했다.

"이안아, 이탈리아 말을 잃어버렸으면 다시 찾으면 돼."

"어디에 있는데?"

"이안이 마음속에 있어."

"마음? 마음은 배 안에 있는데 어떻게 찾아?"

"이안이 지도 잘 그리지? 학교에서 지도를 그려. 그리고 그걸 보고 찾으면 되지."

"배 안이 안 보이는데 어떻게 찾아?"

"눈을 감고 있으면 보일걸?"

"…알겠어. 찾아볼게."

유치원을 마치고 나온 아이에게 물었다.

"오늘 어땠어?"

"재미있었어. 그리고 너무 기뻤어! 아직 다는 아니지만 카를라 말을 찾았어! 마음속에 잉글레제도 있던걸?"

한 달이 지나자 아이는 마음속의 언어를 찾았다. 지금 아이에겐 두 언어가 균형을 찾는 시간이 필요하다. 아이는 언어를 찾듯 스스로 정체성을 찾아갈 것이다. 자기만의 지도를 만들고 마음속을 여행하고 그렇게 자신만의 답을 찾아갈 거라 믿는다. 그리고 나 역시 시간이 지나면 아이들에게 들려줄 답을 찾게 되리라 믿는다.

이안이 말이 더 즐거워

"난 카를라 말보다 이안이 말이 좋아."

"왜?"

"이안이 말이 더 즐거워."

말로 표현하는 것을 좋아하는 아이에게 이탈리아어는 아직 너무 부족하다. 어휘력에서 두 언어는 불균형이다. 아빠에겐 이안이 말이 더 많은 것을 말할 수 있어 좋다고 했단다. 이탈리아어가 한국어를 앞서던 순간도 있었던 것처럼 아마 두 언어는 서로 앞서거니 뒤서거니 아이와 함께 자랄 것이다.

두 언어의 균형이 조금씩 맞춰질 것을 알기에 조급하지는 않다. 난 그저 '카를라 말은 싫어'가 아니라 '이안이 말이 더 즐거워'라고 말해준 아이가 기특하고 고맙다. 외국에서 살면서 부모의 언어를 익히고 그 말을 자신의 말로 받아들이며 좋아하는 것이 결코 당연하지 않음을 알기 때문이다.

혼혈 모델인 한현민이 영어를 한마디도 못하는 것이 사람들에게 의아하게 받아들여질 수도 있으나, 해외에서 살기에 너무나 와 닿았다. 외국에서 오래 산다고 자동으로 그 나라말을 하게 되는 것이 아니듯, 부모가 서로 다른 언어를 쓴다고 아이가 반드시 두 언어를 쓰게 되는 것도 아니다.

어쩌면 아이이기에 언어를 배우는 것이 어른보다 빠를 수도 있지만, 반대로 아이이기에 억지로 받아들이게 하는 것이 너무나 어렵기도 하다. 이안이가 본능적으로 두 언어를 분류하여 사용하였듯 본능적으로 한 언어를 제외시킬 수도 있기 때문이다.

한글학교 학부모 상담 시간에 선생님이 말했다.

"이중언어인 아이들이 말이 느리다는 인식이 있지만 최근 학계에서는 아니라는 의견이 지배적입니다. 결국 아이들 개인의 언어능력 차이인거죠. 어떤 아이는 두 언어 모두 빠르게 구사하기도 하거든요. 하지만 모두가 동의하는 것이 있습니다. 아이들은 본능적으로 언어를 사용할 상황을 구분한다는 거예요. 그래서 이중언어의 경우 부모가 하나의 언어만 쓰는 것이 중요합니다. 아이들이 엄마에게 'Mela(사과) 주세요'라고는 하지만 이탈리아 사람에게 'Mi dai 사과(사과주세요)'라고는 절대 하지 않거든요.

이탈리아 사람이 한국말을 하지 못한다는 것을 확실하게 인지하는 만큼 엄마가 두 언어를 모두 구사한다는 것을 알고 있는 거죠. 그러다가 어느 순간 아이가 어떤 언어가 더 편해지면 엄마가 두 언어를 다 알아들으니 자기에게 편한 언어를 쓰게 됩니다. 우리 아이들은 이탈리아에 살고 있으니 그 말이 이탈리아어가 될 가능성이 큽니다. 끝내는 한국말을 거부하게 되기도 하지요. 무척 힘든 여정이지만 우리 아이들이 한국말을 꾸준히 배우기 위해선 엄마가 오래, 많이 노력해주셔야 합니다."

두 언어의 세계를 사는 아이. 이 아이의 눈에 난 어떨까? 그냥 우리의 지금, 너와 내가 속삭이는 순간들이 즐거우니 그것만으로도 좋다. 분명 너도 그럴 것 같다.

chapter 16
:
이탈리아는 네게
어떤 의미니?

난 한국인 이탈리아인이야

"Io sono coreano italiano! (난 한국인 이탈리아인이야!)"

이안이가 소리쳤다. 순간 정적이 흘렀다.

저녁 식사 전, 친구네 가족들과 간단히 식전 음료를 마시고 있었다. 엄마들은 앉아서 수다가 한창이었고 아빠들은 서서 대화중이었다. 아이들은 감자칩을 먹으며 투닥투닥 장난을 치고 있었는데 무엇 때문인지 이안이가 그렇게 소리를 쳤다.

모두의 시선이 나에게 향했다. 다른 가족은 모두 한국-이탈리아 국제커플이었다. 우리가 유일한 한국인 가족이었는데 아들의 말에 누군가 "그래, 이안이는 한국인 이탈리아인이지" 하고 응수해주었다.

솔직히 당황했다. 당연하게 아들이 자신을 한국인으로 인지하고 있을 거라고 생각했다. 그제야 한 번도 아들과 국적에 대해 이야기해본 적 없다는 사실을 깨달았다. 무엇보다 당시 아이는 한국어는 '이안이 말', 이탈리아어는 '카를라 말'이라고 지칭했기 때문에 코레아노_{Coreano}와 이탈리아노_{Italiano}라는 단어 자체를 알고 있을 거라고 생각도 하지 못했다. 누가 가르쳐주었냐 물으니 유치원 선생님이 그리 이야기해주었다고 했다. 유치원 선생님은 한국이 이중국적이 허용되지 않는다는 사실을 알 리 없으니 로마에서 태어난 한국아이를 이중국적자로 생각했을 수도 있겠다.

집에 돌아와 아이에게 다시 물어보았다.

"이안이는 한국인이야, 이탈리아인이야?"

"이안이는 한국인 이탈리아인이야."

"그럼 아빠는?"

"한국인."

"그럼 엄마는?"

"한국인."

"그럼 이안이는?"

"한국인 이탈리아인."

"엄마와 아빠는 한국인이고 이안이는 한국인 이탈리아인이야?"

"엄마는 이안이 하고 싶은 대로 하라고 하잖아. 난 한국인 이탈리아인 할래."

언제나 로마에서 아이를 키우면서 일어날 많은 일들을 상상해 보곤 한다. 하지만 이런 대화는 그 수많은 상상 속에 단 한 번도 자리한 적 없었다. 언제나 실전은 상상을 초월한다.

하루는 유치원에서 아이를 데리고 아파트에 들어서다 위층 아저씨와 마주쳤다. 언제나처럼 인사를 하고 안부를 물었다. 그리고 엘리베이터를 타려는데 아이가 묻는다.

"여긴 이안이 나란데, 왜 이안이 말을 안 써?"

순간, 대답을 해야 하는데 말이 입 밖으로 나오지 못하고 그저 안에서만 맴돌았다. 머리를 굴려봐도 마땅한 대답이 떠오르지 않았다.

이안이는 현재 한국 국적을 가지고 있지만 만 18세가 되면 이탈리아와 한국 중 본인이 국적을 선택할 수 있다. 이에 대해 깊게 생각해 본 적은 없다. 만약 아이가 이탈리아 국적을 선택한다 해도 그건 그냥 선택일 뿐이지 아이는 당연히 자신이 한국인이라고 여기리라 생각했기 때문이다. 한국인 부모 아래서 한국어를 쓰는 아이가 동시에 이탈리아를 자신의 나라로 여기고 있을 때의 혼란은 전혀 예상 못했다.(아이

는 이탈리아를 이 안이 나라, 한국은 할아버지 나라라고 부른다) 심각하게는 아니더라도 스스로 '이건 좀 의아한데?'라고 의문을 가질 수 있다는 것에 적잖이 당황했다.

아이의 질문에 우리에겐 너무나 당연한 것들이 아이에겐 의문이 된다는 것을 알게 된다. 그리고 그 물음에 난 매번 말문이 막힌다. "넌 한국 사람이기도 하고 이탈리아 사람이기도 해"라고 대답해주는 것이 맞는지 모르겠고 나 자신이 아이를 그렇게 생각하고 있는지도 잘 모르겠다. 아이를 이탈리아에서 낳고 이탈리아에서 키우며 이탈리아

교육을 받게 하면서도, 내 아이는 확고하게 한국인이라는 정체성을 가지고 한국을 자신의 나라라고 여기며 자랄 거라고 생각했던 것 같다. 결국은 아이가 자라면서 스스로 균형을 잡아가겠지만 학교에서 배워 온 이탈리아 국가를 재미있어하며 부르는 아이를 보면 마냥 귀엽다가도 뭐라 정확히 설명하기 힘든 감정에 휩싸이기도 한다.

이탈리아는 네게 어떤 의미니?

몇 번을 읽고 또 읽은 《사랑하는 안드레아》라는 책이 있다. 엄마와 아들이 3년간 주고받은 편지다. 엄마는 룽잉타이, 대만의 대표적 지성이며, 아들은 그녀와 독일인 남편 사이에서 태어난 안드레아다. 둘은 영어로 편지를 주고받는다. 엄마는 독일어를 할 수 있으나 쓰는 것이 편하지 않았고, 아들은 중국어를 할 수 있으나 쓸 줄을 몰랐기 때문이다. 이 둘의 편지는 읽을 때마다 내가 아들과 주고받는 대화로 여겨질 정도로 몰입하게 된다.

독일에서 태어나 유럽식 교육을 받은 아들에게 대만의 격변기를 보낸 철저한 아시아 마인드의 엄마가 묻는다.

"엄마 세대는 국가로부터 너무 많은 기만을 당해왔어. 그래서일까? 마음속에 너무 큰 불신과 너무 많은 경시와 너무 많은 반대가 늘 도사리고 있는 것 같아. 소위 국가라는 것에 대해서, 소위 국가를 대표한다는 사람들에 대해서 말이야. 그러니 열여덟 살의 안드레아, 엄마에게 알려주지 않겠니? 넌 독일 팀을 위해 파이팅을 외치니? 독일은 네

게 어떤 의미니? 독일의 역사, 토지, 풍경, 교회당, 학교는 네게 어떤 의미로 다가오니? 넌 마르틴 루터, 괴테, 니체, 베토벤이 자랑스럽니? 히틀러의 수치가 너의 수치니? 너와 너의 열여덟 살 친구들은 이미 '독일'이라는 개념을 자유롭게 껴안았니?"

룽잉타이, 《사랑하는 안드레아》, 양철북, 2007

아들이 이탈리아에서 자란다 해도 모국어는 분명 한국어겠지만, 어쩌면 쓰고 말하고 심지어 생각하는 것조차 이탈리아어가 편해질지도 모르겠다. 나도 언젠가 아이들에게 묻게 되겠지.

"이안, 이도, 엄마에게 알려주지 않겠니? 이탈리아는 네게 어떤 의미니? 한국은 어떤 의미로 다가오니?"

두 나라를 공유하며 자라는 것은 행운일 수도, 혼란일 수도 있다. 엄마의 욕심은 두 나라의 좋은 점들만 담고 자라길 바라는 마음이다. 가난을 이해하고 어려움을 감싸 안으며 우리가 반드시 지켜나가야 하는 것이 무엇인지를 이탈리아의 일상에서 자연스럽게 느끼며 자라길 바라본다.

때로는 아이의 마음이 궁금하다

어느 날 이문세의 노래를 듣다 생각했다. '우리 아이들은 이탈리아에서 자라지만 이런 감성도 공감하면 좋겠다. 한글을 알게 되면 내가 좋아하는 작가들 책도 함께 읽어야지.'

아이들이 한국 감성을 가지고 즐길 수 있도록 한국문화도 놓치지 않고 접하게 해주어야겠다고 다짐했다. 그 시작은 뽀로로였다. 한국 문화의 힘이란 대단했다. 색감부터 내용까지 더 화려하고 흥미롭다. 아이는 바로 사랑에 빠졌다. 아이의 사랑이 깊어질수록 한국말도 놀라울 정도로 늘어갔다. 기뻤다. 그런데 어쩌면 난 그와 동시에 아이가 이탈리아 문화와도 사랑에 빠지길 원했나 보다. 한국말이 늘면 당연히 이탈리아 말도 늘길 원했고 집에선 한국식, 밖에선 이탈리아식으로 즐기길 원했던 것이다.

아이는 내가 경험해 본 적 없는 환경에서 자란다. 아이의 세상을 내가 온전히 이해하기란 불가능하다. 그래서 이탈리아에서 태어나고 자라 성인이 된 아이들에게 물었다.

"이탈리아에서 자라면서 정체성의 혼란 같은 거 느껴본 적 있어?"

"다 느끼죠. 중학교 때 가장 심한 거 같아요. 그런데 자신이 확실하게 알아요. 그 이후엔 거기에 대해 고민하지 않는 거 같아요."

"이탈리아 사람, 한국 사람, 그런 거야?"

"음, 그거랑은 좀 달라요. 이탈리아 취향인가 한국 취향인가의 문제예요."

"그래서 답은 뭐야?"

테이블에 함께 앉은 네 명이 같은 대답을 했다.

"한국이요."

취향은 많은 것을 의미한다. 음식, 문화, 연애까지…. 난 아이가 한국의 정서와 취향을 가지고 이곳에서 어떤 모습으로 자라게 될지 궁금하면서도 마음이 쓰인다. 자신이 좋아하는 것들에 대해 친구들과 이야기하고 놀고 싶은 마음이 왜 없겠는가? 하지만 유치원에선 공감

대가 존재하지 않을 것이다. 유치원 친구들이 터닝 메카드나 뽀로로
를 알 리가 없지. 분명 유치원은 그곳 나름의 재미가 있겠지만, 때때로
아이의 마음이 궁금하다.

　한국말이 즐겁다는 아이의 말을 순수하게 받아들이지 못하고, 이
탈리아 말은 즐겁지 않다는 속내가 담겨 있는 것은 아닐까 걱정하는
어미의 마음을 언젠가 아이 커서 내 글을 읽게 된다면 별 쓸데없는 걱
정을 하셨구나, 한심하게 생각해주면 좋겠다.

세상에서 가장 쓸데없는 걱정

한식당에서 점심을 먹고 늦은 오후에는 유치원 친구 생일 파티에 다녀왔다. 불과 올해 봄에 이탈리아 생일 파티에서 즐기지 못하는 아이, 여름에는 축구를 싫어하는 아이에 대한 글을 썼는데, 몇 달 사이 아이는 누구보다 적극적으로 파티를 즐기고 있다.

여름 방학이 끝나고 다시 시작하는 학기에는 축구교실을 신청하지 않았다. 방학 전, 이안이가 몇 번이나 축구가 싫다는 이야기를 했기 때문이다. 그런데 오늘 아침 아이가 스스로 축구를 하고 싶다고 말했다. 친구들과 축구하는 것이 재미있다고 했다.

아이는 성장한다. 아이는 더 이상 두 언어가 혼란스럽지 않다. 아이의 두 세계는 어느새 하나가 된다. 한국을 좋아하고 축구를 재미있어 하는 아이가 고맙다. 세상에 가장 쓸데없는 걱정이 연예인 걱정, 그리고 자식 걱정이라지.

그래, 안다. 그런데 알면서도 이 걱정을 놓지는 못하겠다. 영원히.

완벽하지 않은 이탈리아에서
완벽하지 않은 우리가 사는 법

로마에 살면
어떨 것 같아?

초판 1쇄 2019년 5월 8일
초판 2쇄 2020년 3월 2일

지은이   김민주
책임편집 김은지
마케팅   김형진 김범식 이진희
디자인   김보현 김신아

펴낸곳 매경출판㈜ **펴낸이** 서정희
등록 2003년 4월 24일(No. 2-3759)
주소 (04557) 서울시 중구 충무로 2(필동1가) 매일경제 별관 2층 매경출판㈜
홈페이지 www.mkbook.co.kr
전화 02)2000-2630(기획편집) 02)2000-2636(마케팅) 02)2000-2606(구입 문의)
팩스 02)2000-2609 **이메일** publish@mk.co.kr
인쇄·제본 ㈜M-print 031)8071-0961
ISBN 979-11-5542-348-6(03980)

이 도서의 국립중앙도서관 출판예정도서목록(CIP)은 서지정보유통지원시스템 홈페이지(http://seoji.nl.go.kr)와
국가자료공동목록시스템(http://www.nl.go.kr/kolisnet)에서 이용하실 수 있습니다.
(CIP제어번호: CIP2019014538)